Essäer om 2000-talets nya naturvetenskap

*

Universums byggstenar
– de fyra ting varav allt består?

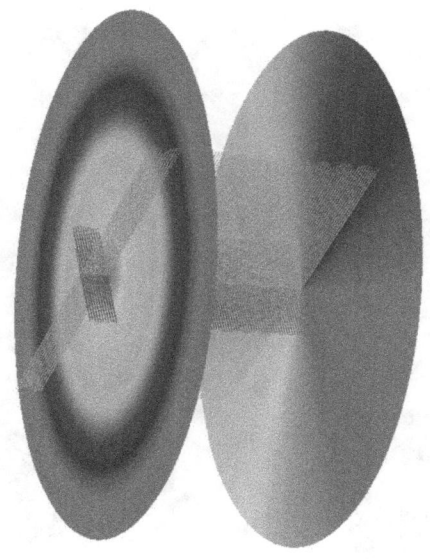

Elementarpartiklarna

Vad är ljuskvanta?

Kvarkar – finns dom?

Efter mer än hundra år: En ny atommodell!

---

av

Åke Hedberg

ESSÄER OM 2000-TALETS NYA NATURVETENSKAP

Essäer om 2000-talets nya naturvetenskap

De Fyra Byggstenarna

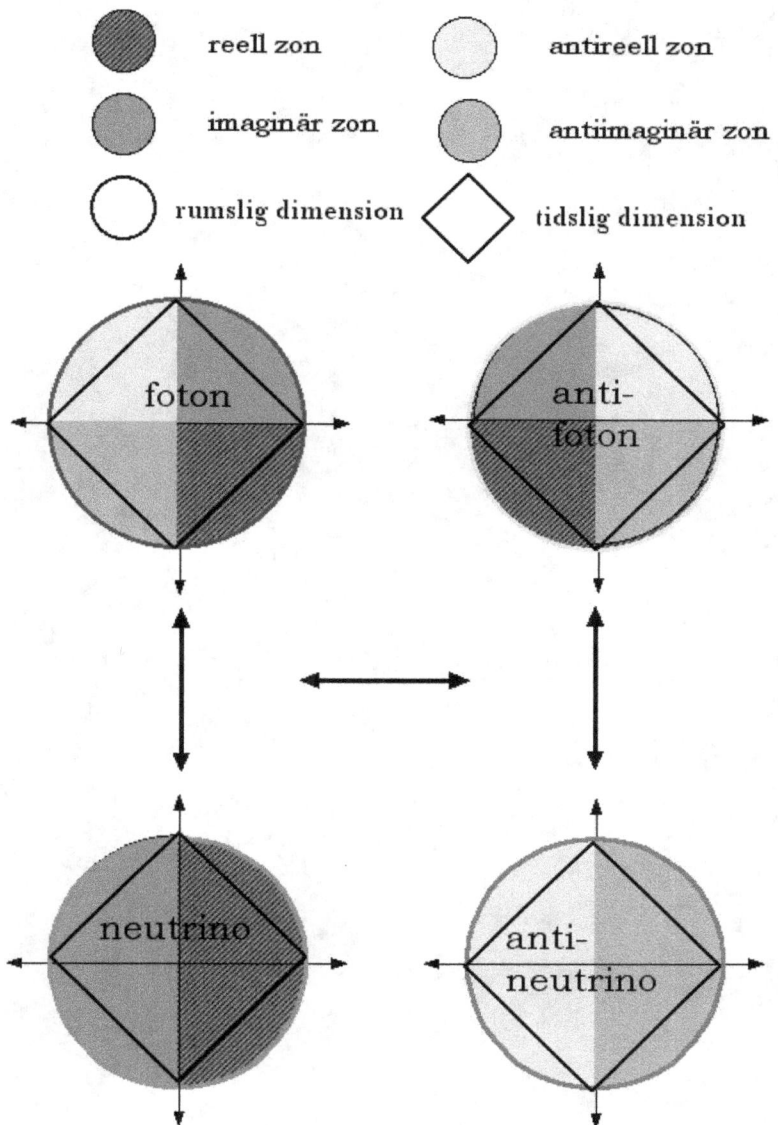

Åke Hedberg

Kiruna Sweden

December 2014

E-mail: akehedberg@kiruna.nu

Homesite: http://www.linnea.com/~akejean/

Essäer om 2000-talets nya naturvetenskap

© 2015 Åke Hedberg
Förlag och tryck: BoD
ISBN: 978-91-7463-591-1

Essäer om 2000-talets nya naturvetenskap

Några inledande ord

*

Människan har i alla tider försökt förstå hur allt är sammansatt och fungerar och hur världen en gång uppkom. Exempelvis de grekiska naturfilosoferna på 600-talet före vår tideräkning, försökte att förstå genom att skapa en begriplig bild av hela sammanhanget. De gamla grekerna som därtill ville förklara naturen utan främmande tillägg drev många teser om detta, från "allt är vatten" till "allt är tal" och däremellan att "allt är atomer och tomrum". Pytagoréerna som drev tesen om att allt är tal ansåg att matematiken var det primära, Platon däremot geometrin medan Demokritos antog något fysiskt med sin tes om att "allt som finns är atomer och tomrum". Numera, särskilt sedan 1920-talet, är *matematiken* det primära vilket särskilt tydligt framgår i kvantmekaniken. I denna essä gäller dock följande:
Till vår vanliga **materiella** värld finns en **imaginär värld**. Båda dessa världar är lika verkliga, båda tillhör naturen – är endast två motsatta sidor av den och vår verklighet. Detta antagande är fundamentalt i det nya synsätt/teori om hur vårt världsallt egentligen är beskaffat. Utöver vårt vanliga mekaniska materiella värld och tillstånd, utgår jag således ifrån och räknar med existensen av (också) ett icke-mekaniskt, immateriellt tillstånd. Detta imaginära tillstånd, denna imaginära värld i avsaknad av egenskaper som massa och materia har sedan lång tid inom fysiken ett särskilt namn: det elektromagnetiska tillståndet. (Men har också under långa tider kallats etern eller ljusetern). Denna insikt ger ledtråden till om hur de yttersta och innersta tingen är beskaffade och att dessa förvånande nog till antalet endast är fyra.
Men den gängse fysiken och fysikern tycks aldrig tillfullo förstått varför elektromagnetiska tillståndet såsom ljus, värmestrålning, radiovågor etc. saknar massa (men inte energi och impuls) och därför är immateriellt och vad detta i själva verket ytterst och i sista hand betyder, märkligt nog. Till exempel att dessa båda motsatta, men inbördes relaterade tillstånd, är kausala, de är alltså varandras orsak och verkan – en växelverkan – och därmed och därför definierar varandra. Utan denna insikt kan vi inte ens riktigt förstå det mekaniska tillståndet. Särskilt inte då man som i den "moderna" fysiken programmatiskt uteslutit kausaliteten. Sådant tillhör bara den "gamla klassiska" fysiken, menar man dumt nog. Men denna nya syn på hur vårt världsallt är beskaffat förklarar exempelvis sådant som vad ljus är, hur kvantmekaniken fungerar och ger en logisk förklaring på världsordningen; inte minst frågan om Universums uppkomst.
Fysikerna har alltid skiljt på ljus och materia. Ljuset är alltså i deras ögon något annat än materia, det är icke-materia (imponderabel, ovägbar materia, som man sa förr). Ljus liksom radiovågor, värmestrålning, röntgenstrålning, gammastrålning etc. är alla exempel på och former av detta icke-mekaniska och kallas som sagt för det elektromagnetiska tillståndet eller strålningen. Detta betraktas alltså som immateriellt. Detta elektromagnetiska, immateriella tillstånd eller strålning ingår faktiskt i Einsteins relativitetsteori som ett av postulaten där det talas om ljuset vars hastighet är konstant c i vakuum eller i tom rymd. Ja, som redan Demokritos använder sig av i sin tes om att det som finns är atomer och tomrum. Men det är inte bara fysikerna som har benämningar på dessa immateriella rörelseformer och rörelsetillstånd.
Filosoferna har i alla tider talat om detta immateriella vara såsom icke-varat (pythagoréerna, kinesiska filosofer) eller det som icke är (Parmenides).Varje antagande om ett icke-vara som något icke-existerande, något som inte tillhör verkligheten som en del filosofer menade och fortfarande menar, leder dock till "fruktansvärda" paradoxer; till absurda motsägelser, sade redan Platon. En sådan logik, menade han leder i sista instans till ett ofruktbart tomma intet. Vi får alltså en logik som skulle få ödeläggande konsekvenser om den vore sann, enligt sagde Platon. Anaximandros och andra antika greker talade också om en urgrund och att ur Kaos hade vår värld Kosmos en gång uppkommit.
Matematikerna har sedan 1800-talet analyserat detta icke-vara som något icke-reellt och därför benämnt det för det imaginära tillståndet som kan beskrivas med komplexa tal och den imaginära enheten. (En lektion i detta ämne? Se: http://www.youtube.com/watch?v=U38uD388d6o). Förr kallades detta svårdefinierbara tillstånd för etern eller ljusetern (Maxwell). Dagens fysik räknar förvisso med komplexa tal men har inte insett att i sitt sammanhang beskriver de den av Einstein bebådade "underliggande verkligheten" (i sin dispyt med Niels Bohr m.fl.). I själva verket är det inte fråga om en "underliggande" verklighet, inte heller något vid sidan av eller så: det är fråga om en verklighet in i minsta detalj *integrerad* med den vanliga mekaniska men som kan beskrivas med hjälp av en ny typ av koordinatsystem med komplexa tal. Att räkna med komplexa tal och imaginära enheter är här inte en fråga om matematiska trick och metoder, som fysiker av den gamla stammen och blinda för nya upptäcker trist nog ännu håller fast vid.
De religiösa kallar denna imaginära värld för den "andliga världen": Denna typ av andlig/imaginär värld är dock inte alltid i deras ögon verklig och därför roten till alla former av mysticism och andeväsen. För dom existerar den som en gudomlig makt, som en ABSOLUTHET med "överjordiska" drag. Det är något annat än den iakttagbara världen; den som intresserar vetenskapen. De religiösa tillber och underkastar sig något icke-materiellt och därför något som inte går att avbilda (till skillnad från gammal hedendom där handfasta gudar och föremål dyrkades). Många religiösa tyck-

er därför att Big Bang är fascinerande – måhända, tänker de, ett dolt erkännande från vetenskapens sida av Bibelns skapelseberättelse? Den svenske astrofysikern Bengt Gustafsson är att känt namn i denna kategori.

I mången litteratur vimlar det också av hänvisningar till denna "underliggande " eller "överjordiska" värld. (Dostojevskij, Transtömmer exempelvis) ofta fylld av mystiska underliga hänvisningar till spöken, andeväsen och liknande metaforer. Som tycks kittla fantasin hos en del.

Avancerade pedagoger räknar fullt ut med existensen av denna vid-sidan-av-värld. De vet att människan (redan som spädbarn) kräver den logik som kausaliteten kräver. Hur detta fungerar hos den lille är ett mått på dess sunda utveckling. Allt annat blir bara obegripligt nonsens.

För den som föredrar datorspråket så är världsordningen och allt annat digitaliserat. Allt kan uttryckas och beskrivas i ettor och nollor: elektroner, protoner, atomer, Kosmos, just name it! Då det absoluta Kaos är det icke-formade – det oformade – så är Kosmos det informade och formaterade, vilket innebär information med maximal ordning och är källan till all information i hela Universum, vilket just nu strömmar in i det universella systemet – och vårt Universum – och får det att expandera. Informationen blir holografisk. Denna information har alltså olika nivåer och avspeglingar; på vår nivå är Plancks konstant och ljuskonstanten viktiga för att förstå vad begreppet ljuskvanta är.

Verkligheten är för en ljusfoton detta icke-vara, ja är själva verkligheten – är ljusfotonens (normala) vara. För oss människor är det tvärtom och det är denna syn på det varande och detta icke-varande som gör världen intelligibel och begriplig. Något förenklat sagt: Först när denna ljusstråle träffar vårt öga exempelvis, blir det verkligt i vår direkt fysiska mening och vi kan se, avläsa, observera och "detektera" den. Annars, i normalfallet, är ljuset ej reellt eller materiellt och därför osynligt och "svart". Dessa två motsatta "världar" tillhör dock vår natur och vår verklighet; det är två sidor eller världar som betingar varandra ömsesidigt och därför är varandras orsak och verkan – en växelverkan. Förhållandet mellan dem är ljuskonstanten c. Så sett är ljushastigheten alltså ingen hastighet i gängse bemärkelse, utan ett förhållande mellan två världar.

Fotoner och neutriner plus deras antiformer ger världsordningens *fyra* (4) grundläggande byggstenar och informationsenheter, världsordningens ettor och nollor, varav allt består och är sammansatt av. De är våra grundläggande (lego-) "bitar", bits. (Vilket har sin motsvarighet på den högre biologiska nivån i hur DNA-koden är strukturerad och

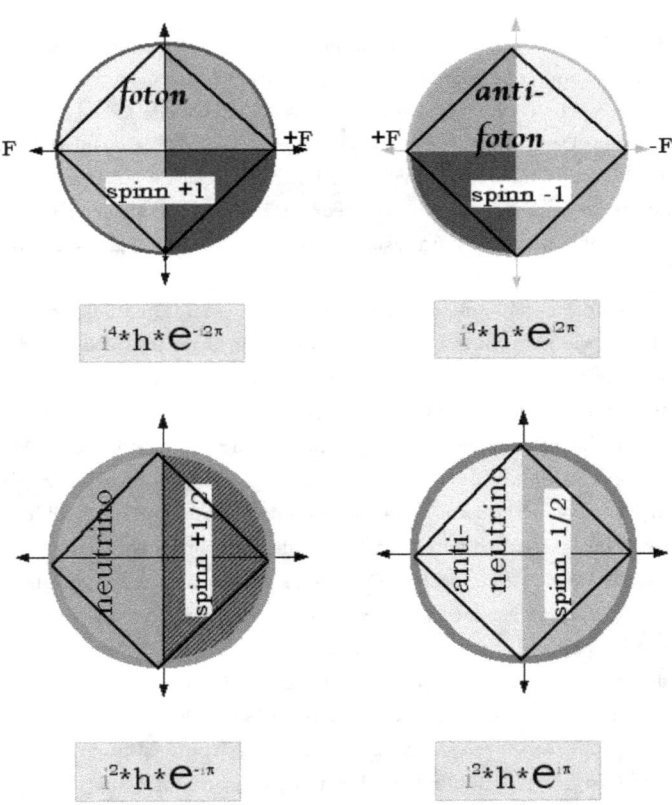

De fyra byggstenarna med deras grafik och matematik. Här i deras *obundna*, fria tillstånd vilket i^2 och i^4 indikerar. Utan de *imaginära* storheterna innebär det deras *bundna* tillstånd exempelvis som då en neutrino och en foton bildar en elektron.

organiserad med fyra "baser" – CGTA). För en ljusstråle är detta elektromagnetiska, imaginära, icke-mekaniska tillstånd, detta icke-vara det så att säga normala. Som vi ska se finns dessa fyra ting i både en yttre och en inre mening.
Vad jag vill säga med detta, det ovanstående – om vad fysikerna, filosoferna, matematikerna, de religiösa, det som skrivs i litteraturen, vad många pedagoger upptäckt med flera, uppfattar, påstår och säger om den

na imaginära, immateriella värld – är enligt min övertygelse att denna värld avspeglas i vårt medvetande, i vårt tänkande då det tillhör verkligheten. Ofta omedvetet och ofta sammanblandat med torftiga idéer om himmelska fiktiva andeväsen etc. Men frågan är hur och på vad sätt vi ska tolka dessa aningar, denna diffusa världsuppfattning och känsla.

Och hantera och formulera det hela intellektuellt och vetenskapligt. Det gäller "bara" att lita på vårt förnuft och vårt förstånd. För övrigt: Hjärnan själv är naturligtvis en produkt av naturen – även dess struktur och funktionssätt påminner faktiskt om hur världsalltet i övrigt ser ut, är strukturerad och fungerar. Alltså inte enligt Big Bang-svamlet utan om det som här presenteras.

För den biologiskt intresserade. Den hittills olösta frågan om livets ursprung i vårt Universum kan nu med denna nya teori och synsätt på hur vårt Universum fungerar få en lösning då verktygen för detta nu finns. (Obs att det handlar om ursprunget, inte själva selektionsmekanismen för dess utveckling). Mekanismen för hur ursprunget kan förstås är i korthet följande: För varje sekund alstras ett mycket stort antal strängar (av Kosmos), alla med varierande innehåll av information. Varje sträng kan beräknas innehålla dryg 10 MB (megabytes). Det räcker inte för en hel DNA-molekyl men lösningen är att många lätt kan kopplas ihop.

Exakt hur denna info är organiserad spelar ingen roll; det allra viktigaste är att varje sådan "laddning" av info är olika. En anan viktig egenskap är att dessa "infoladdningar" kan genereras var som helst i hela Universum när som helst. T.o.m. djupt inne i vårt jordklot. Och att deras antal som sagt är väldigt stort, det handlar om biljoner sinom biljoner varje sekund, dag ut dag in, år ut och år in under många miljarder år. Dessa "infoladdningar" har ett namn: Kosmisk partikelstrålning cosmic rays (CR) eller rain. Upptäckt för drygt hundra år sedan och ej att förväxla med kosmisk mikrovågsstrålning/bakgrundsstrålning/hålrumsstrålning , CMB. – Behöver här sägas att från bigbangare kommer endast fruktlösa trista spekulationer om ditten och datten i detta viktiga ämne. Den kände kosmologen Paul Davis t. ex. har kommit fram till att det är universums tyngdkraft som organiserat den ursprungliga och nödvändiga informationen som DNA har. Exakt hur detta gått till vet han ej, han bara gissar. Något ute i världsrymden måste det ju vara, menar han.

Naturfilosofin

*

Låt oss se lite närmare på filosofin. Människan har som sagt i alla tider försökt förstå och filosoferat över hur världen är uppbyggd, fungerar och en gång uppkom. Man har försökt få en begriplig bild av sammanhangen och funderat på dess beståndsdelar och grundvalar. Traditionellt betraktas den vise Thales, som verkade i början av det sjätte århundradet före vår tideräkning, i den blomstrande sjö- och handelsstaden Miletos på Mindre Asiens västkust, som den västerländska naturfilosofins grundare. Hans tes var: "Alltings urgrund är vatten". Ordet "urgrund" står här för det grekiska ordet "arkhe" som kan läsas "princip" i den bemärkelse detta ord har hos Aristoteles som bland mycket annat hade en allmän teori om de fyra elementen plus en eter. Tidigare teorier om elementen före Aristoteles utvecklades i huvudsak som en respons på den radikala kritik av kosmologiska teorier som särskilt *Parmenides* – den förste kunskapsteoretikern – hade framfört.

Denne hade framfört att det yttersta tankeobjektet och dess sammanhang, måste vara ett ensartat, oföränderligt vara. Ett *icke-vara* kunde därför inte ens tänkas. Det var helt omöjligt, var hans logik. Utifrån detta funderade han också över problemet med om något kunde förändras överhuvudtaget. Enligt sin logik kom han fram till att det inte kunde finnas någon rörelse överhuvudtaget! Punkt slut; all rörelse var omöjlig och allt var i själva verket ett sken, en illusion! Vad som fanns var "det Ena", en slags klotformad ensartad orörlig sfär.

Hans stränga logik om rörelsens natur överhuvudtaget är intressant att följa. En logisk stringens som inom parentes sagt i *Platons* ögon gjorde honom "vördnadsbjudande" men också "fruktansvärd" då denna logik skulle ha ödeläggande konsekvenser om den vore sann. Den ledde alltså till en motsägelse – en paradox – som kan sägas gav upphov till den axel kring vilken den försokratiska filosofin sedan kom att kretsa. Parmenides elev *Zenon* "bevisade" ungefär samma sak som sin lärare med sina berömda paradoxer om Akilles och sköldpaddan, den flygande pilen med flera strängt logiska resonemang.

Det är inte helt fel att påstå att frågan om ljusets natur och dess förhållande till en aristotelisk eter sedan kommit att spela en avgörande roll i hela den natur-vetenskapliga revolutionen, en revolution som kan sägas ha kulminerat med kvantmekaniken på 1920-talet och nu kommit till ett slut för länge sedan. Frågan om etern, spökar dock ännu, ehuru den har den fått andra namn och egenskaper. Ännu på 1950-talet skriver den berömde kvantmekanikern P.A.M. Dirac i Nature (168:906-7) att även om Einsteins princip om relativiteten av år 1905, ledde till att etern avskaffades med den nya kvantelektrodynamiken, är vi ändå "rather forced to have an aether". Orsaken till att eterbegreppet levt och faktiskt ännu lever kvar (vi talar ju fortfarande om *eter*media då vi avser radio och TV, exempelvis), tror jag har att göra med att den logiska stringensen, just kräver "något" utöver själva ljuset, något att utbreda sig i, ett medium eller liknande. Att direkt avskaffa den, som Einstein gjorde i början på förra seklet, löser inte problemet och de svårartade skenbart olösliga paradoxer, som en analys av ljusets natur lätt leder till, som vi ska se. Faran är dock att i likhet med Parmenides, hamna i en slags "fruktansvärd" ännu mer paradoxal logik.

Så här resonerade alltså Parmenides. Denne (som för övrigt synes ha varit den förste att uppdaga att aftonstjärnan och morgonstjärnan var ett och detsamma, nämligen Venus) talade om två slags filosofi. En var sanningens filosofi och en var skenets filosofi. *"Mellan två vägar valet bör träffas: är och är icke"*. Och om det som icke är, kan ingenting sägas eller ens tänkas. Det har ju *"varken namn eller tanke"*. Kvar står den andra, som *är* och är verklig. Om man travesterar naturfilosofen och naturforskaren *Thales* "Naturens lag är vatten" så framhöll Parmenides att *Naturens lag är att det är*. Det icke-varande, det som icke är, var ju per *definition icke existerande* och var därför både otänkbart och outsägbart, menade han.

Parmenides polemiserar också mot påståendet att det varande kunde *växa* ur det icke-varande. Han polemiserar kanske därmed mot pythagoréerna som faktiskt var anhängare av icke-varat, och tänkte sig att det ändliga *Kosmos* på detta sätt fick sin näring ur det omgivande tomrummet. Men också mot Anaximandros tes om urgrunden, hans syn på att Kosmos uppstått ur Kaos och hans syn på icke-varat och *apeiron*, som var utan kvalité och hade en karaktär av tomrum.

Men här gör sig *Anaximandros* och övriga som talar om en urgrund sig skyldig till ett tankefel, menade Parmenides. Man kan inte samtidigt tala om ett vara – urgrunden – och ett icke-vara. Det är inte en konsekvent och logisk filosofi. Antingen det ena eller det andra måste gälla och för Parmenides krävde logiken att "urgrunden" är det som är, det varande. Ett icke-varande var ju inte *intelligibelt*, det var obegripligt och gick inte ens att sätta namn på. I konsekvensens namn kan nu inte heller det som är varken uppkomma eller förgås, ty annars vore det ju icke oföränderligt. Det varande måste därmed vara både ofött och oförgängligt. Ja, än mer det måste vara orörligt och utan slut; någon rörelse i verklig mening finns inte. Inte heller kan man påstå att något *har* varit, då det ju fortfarande *är*. Ännu en konsekvens av hans lag är som sagt att det måste vara *ett* och överallt lika, varav följer att det är sammanhängande och *kontinuerligt*. Även om hans strikt logiska resonemang inte är så lätt att genomskåda leder det naturligtvis till en orimlighet – en "fruktansvärd" paradox – om världens och livets verkliga beskaffenhet. Men ändå, är det inte fullt logiskt och synes det inte stå i överensstämmelse med det sunda förnuftet att påstå att om det som icke är, det som per definition inte existerar, kan inte mycket sägas? Om ens något?

I vilket fall kunde Parmenides elev *Zenon* som gick i sin mästares fotspår också "bevisa" denna logik. Zenon var dock en självständig tänkare vars tankegångar ännu diskuteras. Han skall av Aristoteles ha kallats dialektikens uppfinnare och sökte genom olika bevisföringar visa att alla argument mot Parmenides lära var felaktiga. Utgående från att verkligheten var intelligibel hade han bland annat kommit fram till att denna var orörlig, en och begränsad och därmed utan omgivning i rummet. Det var teser som Zenon ville bestyrka och gör det genom att visa att både rörelsen, mångfal-den och rummet är paradoxala begrepp. Han menade och ville bevisa att verkligheten för att vara intelligibel inte kan innefatta sådant som rörelse, mångfald och rum. Ty dessa företeelser är motsägelsefulla och sådana paradoxer kan inte ha med den verkliga världen att göra. Då vore den ju inte begriplig. Och det måste den vara.

Till den mest bekanta av dessa paradoxer hör Akilles och sköldpaddan. Här bevisar Zenon att den snabbfotade Akilles aldrig hinner ifatt en sköldpadda förutsatt att sköldpaddan får ett visst försprång. Ty varje gång Akilles kommer fram till paddans startpunkt har ju denna hunnit en bit längre. Och det är ju sant. Varje gång Akilles kommer fram till den plats där paddan nyss var, har denna redan lämnat den. Och även om detta upprepas i all oändlighet, så gäller detta, menar Zenon. Således kommer Akilles aldrig ifatt sköldpaddan. Vilket skulle bevisas.

En annan av Zenons paradoxer är den som kallas dikotomi- eller tudelnings-paradoxen. Aristoteles sammanfattar det så här: "Rörelse är omöjlig, emedan ett objekt i rörelse måste nå halvvägs innan det når målet." Ty eftersom det finns hur många "halvvägar" som helst, vilket kräver oändlig tid, kommer målet aldrig att nås.

Ännu en av Zenons kända paradoxer är den "flygande pilen". Den brukar lyda så här: Om en flygande pil rör sig, måste den antingen röra sig på den plats, där den finns eller också på den plats där den inte finns. Det senare är omöjligt. Men det förra är också omöjligt, ty om pilen finns på en bestämd plats, så rör den sig inte. Alltså rör sig pilen inte utan står stilla.

Men det fanns alltså andra som inte höll med om detta. Förutom pythagoréerna också de kinesiska tänkarna, som menade att även icke-varat existerade, fastän i en annan och motsatt form än den verkliga världen. Även icke-varat var alltså en *existensform* vilket de formulerade i yin och yang-tänkandet och Anaximandros i sin tes om världens uppkomst ur det *kvalitetslösa* och *formlösa* Kaos. Men detta kvalitetslösa är ändå "något", det äger både rörelse och aktivitet. Kaos är inte något passivt och overksamt utan högst aktivt. Detta synsätt stämmer med hur den gamle greken och försokraten Anaximandros såg på vad han kallade urgrunden ("apeiron"). Denna aktiva urgrund föreställde han sig vara både obegränsad och kvalitetslös. Den var alltså inte oändlig, den var obegränsad, vilket är en stor skillnad.

> För antagandet av en oändlig urgrund anför Aristoteles den motiveringen, att det behövs en oändlig tillgång på nytt 'material' för att detta ska räcka till för en ständig nyskapelse av ting - en motivering, som torde ha anförts av Anaximens och möjligen av pythagoréerna, men som förefaller överflödig i Anaximandros system, då denne räknade med en cyklisk växling av uppkomst och undergång. (Erik Stenius:Tankens gryning).

Finessen med en obegränsad urgrund – ett obegränsat Kaos – är att detta ju per definition saknar både rumsliga och tidsliga dimensioner. Och kan därför inte tillskrivas någon gräns, någon viss utsträckning i rummet. Ett oändligt Kaos i den aristoteliska betydelsen – oändlig tillgång på nytt 'material' – är också enligt min mening "överflödig" av samma skäl som den i Anaximandros system. Jag räknar också "med en cyklisk växling av uppkomst och undergång."

Vad sedan beträffar den "kvalitetstlösa" urgrunden så är det också intressant att notera att "Anaximandros system" också stämmer med min syn på det hela.

> Då apeiron skall vara urgrunden och i sina modifikationer kunna uppvisa alla i naturen förekommande kvaliteter, det vill säga då det självt måste besitta alla kvaliteter in nuce, måste det vara kvalitetstlöst, ty de motsatta kvaliteterna utjämnar varandra. Detta får vi betrakta som den logiska motiveringen för urgrundens kvalitetstlöshet. (a.a).

En intressant och logisk motivering. Inte minst uppfattningen att denna kvalitetstlösa urgrund självt måste besitta alla (utjämnade) kvaliteter för att "kunna uppvisa alla i naturen förekommande kvaliteter". Allt vi finner i vår vanliga vardagliga värld ska alltså kunna spåras tillbaka i Kaos! Det är här det moderna informationsbegreppet är så fruktbart. Källan till all information – allt i denna vår vanliga värld – har sitt egentliga ursprung i den (ännu) *icke formade* informationen i Kaos. Eller hur man ska uttrycka det.

Vad ska man då mena med begreppet kvalitet? Kvaliteter som grönt, rött, salt, surt osv har sitt sätt att vara – det är inte ting utan egenskaper, eller sätt att vara, framhåller Aristoteles. Kvalitet i fysikalisk mening kan också vara en rörelse med viss riktning och storlek. Då är det inte heller fråga om ting utan en rörelse med vissa egenskaper. Om till en sådan rörelse finns en exakt likadan motrörelse, upphävs den och summan blir således noll och där med utan kvalitet. Med andra ord lagen om verkan och motverkan gäller i Anaximandros system. Eller annorlunda uttryckt: om varje rörelse är speglad både till storlek, form och riktning så betyder det att de "motsatta kvaliteterna utjämnar varandra" och det hela är både kvalitetslöst och formlöst.

Detta är alltså viktigt att komma ihåg: Varje antagande om ett icke-vara som något icke-existerande, något som inte tillhör verkligheten, leder till "fruktansvärda" paradoxer; till absurda motsägelser, som i sista instans bokstavligt talat leder ut i ett ofruktbart tomma intet. Vi får en logik som skulle ha ödeläggande konsekvenser om den vore sann, för att tala med Platon. En första lärdom vi kan dra av detta är att det således inte räcker med (skenbar) logik, vi måste lära och försöka förstå hur naturen faktiskt fungerar. Ställa naturen frågor och sedan försöka lista ut ett logiskt svar. Det är också den filosofi jag här och nu försöker att tillämpa.

*

Matematiken

Moderna "lösningar" på dessa paradoxer saknas inte. Alla har de dock gemensamt att de är av *matematisk* natur. De filosofiska ontologiska, kunskapsteoretiska lösningarna saknas helt. Så skriver exempelvis den finlandssvenske filosofen Erik Stenius i *Tankens gryning* följande som han menar är paradoxernas lösning:

> Det resonemang genom vilket Zenon ville visa att Akilles inte får fatt sköldpaddan bygger på den premissen att summan av ett oändligt antal tidssträckor alltid är oändlig. Eftersom ur denna premiss följer en oriktig slutsats måste den vara felaktig – tron på att den gäller utgör ett tankefel. Gör man inte detta tankefel, finns det ingenting motsägande i det Zenonska resonemanget. Så om det inte finns något bättre skäl för att förklara rörelsen ointelligibel, så finns intet skäl alls därför.

Och Stenius tillägger:

> Till detta invänder måhända någon: Men jag tycker att summan av oändligt många tidsintervaller alltid måste bli oändlig. Och då svarar en matematiker om han är brutal: I så fall måste Ni lära er inse, att Ni tycker orätt. Någon annan möjlighet finns inte.

Matematikens "brutala" diktatur har talat. Sluta att tänka, se inte ut genom fönstret, studera framför allt inte verkligheten och naturen själv! Rätten och packen Eder därefter. En del matematikers premiss är ju den, att i denna vår verkliga värld finns oändlig tid och rum. Att det oändliga och till och med "oändligheter" är en realitet. Men jag vill påstå att detta gäller endast i den "rena" *matematikens* och *religionens* värld, där det Absoluta, Oändliga och Fullkomliga och Absolut 100-procentiga gäller.

>Men liksom matematikern kan räkna med noll och oändligheten på ett fullt konsekvent och logiskt oantastligt sätt bör väl också fysikern kunna uttala sig om oändligt avlägsna ting, förutsatt att han liksom matematikern känner lagarna och vet hur han skall tillämpa dem?

>Så har man länge trott. Den newtonska mekanikens enkla skönhet i förening med dess makalösa praktiska framgångar verkade hypnotiserande. Man föreställde sig universum som ett celest maskineri, fungerande med matematisk precision. /.../Fysiken har gått igenom en kris vars sviter ännu inte helt har övervunnits./.../Men det är en väsentlig skillnad, ur kunskapsteoretisk synpunkt, mellan matematiska satser och utsagor om naturen. De matematiska sammanhangen byggs upp utifrån ett fundament av aprioristiska axiom. Genom logisk bevisföring, deduktion, sammanställs alltmera komplicerade matematiska slutsatser. Men härvid tillförs ingen ny kunskap. /.../ Men fysik är något helt annat än matematik. Matematiken spelar visserligen, som bekant, en viktig roll i fysiken, men det är ett svalg befäst mellan matematiska teorem och fysikaliska teorier. Alltsedan Galilei och Keplers dagar har fysikerna konsekvent strävat efter att formulera sina naturlagar i matematiska symboler. (Tor Ragnar Gerholm, *Fysiken och människan. Stockholm 1963*).

Men understryker TRG: fysiken är *inte* ett slags matematik:

>Fysikens satser är nämligen av ett helt annat slag än matematikens. De är inte analytiska utan *syntetiska*. Syntetiska satser uttalar sig om experimentella resultat och observationer och de slutsatser som därav kan dras. De är inte "tomma" på faktiskt innehåll utan lägger något nytt till vår kunskap. Vi får veta något som vi inte visste förut, något som inte fanns implicit i premisserna. "All kunskap om verkligheten", säger Einstein, "utgår ifrån erfarenheten och utmynnar i den. På rent logisk väg vunna satser är med hänsyn till det reala innehållet fullständigt innehållslösa.

Till skillnad från matematikens och religionens värld och då det gäller "utsagor om naturen" så kan man således inte "räkna med noll och oändligheten". Vi har ingen vare sig erfarenhet eller kunskap om detta. Oändlig tid, oändligt rum finns inte i den verklighet vi talar om. Här gäller principen att *det absoluta också är och kan bli relativt och det relativa också är och kan vara och bli absolut.* Man måste, som polsk-judiske läkaren och kunskapsfilosofen Ludwik Fleck (1896-1961), avvisa det Absoluta (med stor bokstav) för att i stället *relativisera det absoluta och absolutera det relativa*. Det relativa är ju relativt i förhållande till något, alltså till det absoluta. Och vice versa. Allt annat tal blir ju rent nonsens, icke intelligibelt. Påståendet exempelvis att "allt är relativt" innebär en motsägelse, en paradox, då ju påståendet i sig måste vara ett undantag från denna regel, direkt motsäger den, då det ju är av Absolut karaktär.

Vår värld är inte Absolut och obegränsad eller oändlig, här finns ingen oändlig tid och inga oändliga rum. Inte heller är den av samma skäl Relativ. Det absoluta och det relativa (med små bokstäver) finns dessutom alltid i ett *sammanhang*. Och detta sammanhang är naturen och verkligheten. Inte i religionens Fullkomliga och Gudomliga Böcker eller i den Rena matematikens höga Sfärer. Paradoxernas lösning ligger i detta.

Fysiken och kosmologin

Sökandet efter tillvarons grundvalar kom under antiken att ske efter två linjer. En fysisk och en matematisk. Urgrunden, Kaos, de fyra elementen (plus ett femte etern) och Demokratis atomer och tomrum å ena sidan och pytagoreernas "allt är tal".

Kvantfysiken hade sin födelse med upptäckten av energins kvantisering och konstanten h (Plancks konstant). Kirchhoff kom kring 1860 fram till att det finns en universell funktion av enbart frekvens och temperatur som kan beskriva deras termiska strålning. Planck löste delvis problemet år 1900 genom att införa en kvantenhet h, vilket kom att få stor betydelse för kvantfysikens utveckling. Men varken han eller någon annan har senare lyckats definiera och härleda denna konstant, lika lite som ljuskonstanten c eller gravitationskonstanten G. Det beror på att då kvantmekaniken endast är en uppsättning av matematiska regler och tricks, snarare än insikt och förståelse. Kvantfysiker till och med skryter om denna brist på förståelse, de menar med en rysning att naturen *är* bisarr och obegriplig till sin själva natur. "Allt är gåtor" är deras credo. Vem kan bli glad åt sådant? Jo, rubriksättare i dagspressen. Tyvärr har deras världsbild i en del fall blivit vetenskapliga "sanningar", sanningar som sedan bankas och hamras in i alla massmedia för att sedan hamna i läroböcker. Niels Bohr, en av kvantfysikens fäder, sade exempelvis att "(d)en som inte blir illa berörd av kvantfysiken har inte förstått den" och "(i)ngenting existerar förrän det mäts". Något som brukar uppfattas som några slags djupsinnigheter men är endast tomt prat och resultat av kvasifilosofi.

Vilket Einstein många gånger försökte påvisa, men tyvärr inte lyckades så bra med då tiden inte var mogen för detta. I hans vetenskapssyn liksom i Maxwell ingick att man måste göra sig en bild av vad som sker. För att förstå en ångmaskin måste man i tanken föreställa sig hur ångan kom in i en cylinder för att snabbt expandera och driva en kolv framför sig. Hur detta drev ett svänghjul som drev andra hjul etc. och allt detta på grund av att vatten fick koka i en stor behållare som ... osv. För att förstå de elektriska och magnetiska företeelserna och andra naturprocesser föreställde sig därför både Maxwell och Einstein mekaniska kugghjul, remmar, fjädrar, vattenfall, vetefält, hissar, karuseller etc. Något som sedan sedan kom att betraktas som både barnsligt och okunnigt i den moderna fysikens belysning med sin obeskrivbara bisarra kvantvärld där enbart statistiska och matematiska beskrivningar gällde och fungerar. Analogin med vetefält, som "böjer sig för vinden", som födde *fältbegreppet* är för övrigt ett alternativ till den mekanistiska uppfattningen och syftar till en mer fullständig beskrivning av verkligheten.[1] Maxwell såg dock inte fälten som rent mekaniska ting utan mer som esoteriska ovägbara eterpartiklar.

Visst saknades en del viktiga fakta om hur naturen, rymden och vårt Universum fungerar vid förra sekelskiftet och långt in på 1900-talet. Men verkligen

---

[1] Fältbegreppets skapare – Faraday's lines of force – anses Michael Faraday vara. Som vi kommer att se så är de byggstenar vi behandlar här en utveckling av det förhärskande fältbegreppet. I vår teori är dessa fält både reella och imaginära på ett bestämt sätt med bestämda dimensioner med och i bestämda sammanhang. "Maxwell ekvationer gör det möjligt att följa fältets historia, precis som de mekaniska ekvationerna gjorde det möjligt för oss att följa materiella partiklars historia", skriver Einstein och Infälld. Med vår nya teori och synsätt gäller detta i princip också, även om dess imaginära värden är en fråga för sig. Men det går alltså att göra sig bilder av alla förlopp liksom ge dem matematiska värden. Och då menar vi inte statistiska punktmarkeringar.

inte i dag med många satelliter fullastade med instrument snurrande runt Jorden och andra planeter. Så i stället för att mystifiera fysiken och slå fast att kvantmekaniken och vågmekaniken är sista ordet och den Stora "Sanningen" om vår värld, så borde man ha hejdat sig, sett tiden an och tänkt att nya fakta kanske löser de problem vi har nu. Vilket alltså var Einstein inställning.

Nog om detta nu. Hela det moderna fysikens projekt kom att spåra ur under 1920-talet. Då man inte snabbt nog kunde få en klar bild av hur ljuset och en ljusfoton fungerade övergav man tanken på förståelse för att med Niels Bohr och Heisenberg i spetsen införa metafysiska element i fysiken.

/De framsteg som under senare tid har gjorts inom kärnfysik och elementarpartikelfysik /.../har fortfarande inte i grunden löst den kunskapsteoretiska kris, som kvantmekanikens genombrott åren 1923-27 gav upphov till. /.../Problemet, som består i att på ett entydigt sätt framställa den mikrofysikaliska verkligheten i form av en rums-tidsmodell, förblir olöst, och förmodligen måste ambitionen att lösa det uppges. Den verklighet som fysiken sysslar med är som guden Janus – den har två ansikten. (Alfred Kastler, nobelpristagare i fysik 1966, *Denna underliga materia*).

Detta alltså enligt en framstående fransk fysiker. Den mer kände fysikern och filosofen Karl Popper som skrivit och analyserat hur och varför den moderna fysiken, i och med den tolkning av alla atomexperiment som kom att kallas Köpenhamnstolkningen, spårade ur på 1920-talet, ser det så här:

Idag, är fysiken i en kris. /... / Men det finns också en annan aspekt av den här krisen: det är också en kris av förståelse. Denna kris av vår förståelse är ungefär lika gammal som Köpenhamnstolkningen av kvantmekaniken. (Filosofen och fysikern Karl Popper : *Quantum theory and the schism in physics*.)

Den kris Popper såg inom den nya fysiken berodde enligt hans mening väsentligen på två saker: a) inblandningen och inträngandet av subjektivism i fysiken; och b) att den idén segrat som säger att kvantteorin har nått en komplett och final sanning. Detta är ofta innehållet i all kritik mot köpenhamnstolkningen och den var också Einsteins.

*

Vi ska nu se hur teorin om materiens och universums minsta byggstenar för närvarande ser ut. Nedanstående är hämtat från *Uppsala universitets* hemsida.

Kvarkar och leptoner, materiens minsta byggstenar?[2]

Så vitt vi vet idag är kvarkarna och leptonerna materiens minsta byggstenar. I början av sextiotalet hade man upptäckt en stor mängd olika partiklar, varav de flesta var så kallade hadroner, som växelverkar med den starka kraften, men också en del leptoner, som inte påverkas av den starka kraften. Detta komplicerade den tidigare så enkla bilden där allt består av elektroner, neutroner och protoner. Förutom dessa "nödvändiga" partiklar fanns det alltså en uppsjö av partiklar som inte verkade passade in och som inte behövdes.

---

[2] http://www.linnaeus.uu.se/online/fysik/mikrokosmos/fykvarklepton.html

1964 presenterade Murray Gell-Mann och Georg Zweig, oberoende av varandra, ett nytt sätt att få ordning på alla olika partiklar. De införde en ny undernivå, kvarkarna. Med hjälp av tre olika kvarkar kunde de förklara alla kända hadroner och dessutom förutsäga massan för en ny partikel som inte observerats tidigare men sedermera bekräftade deras modell. De tre olika kvarkarna kallades för upp u, ner d, och sär s. Det finns två olika sorters

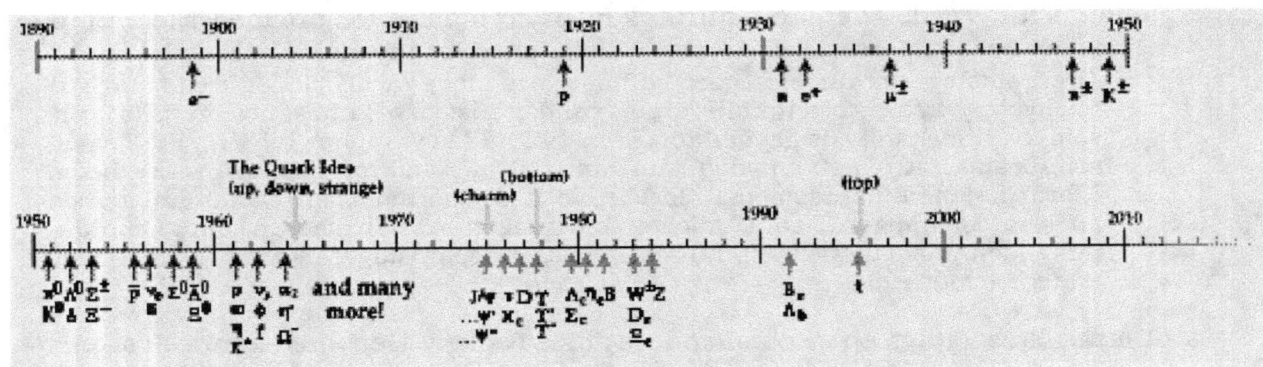

hadroner, tre-kvarktillstånd kallade baryoner och kvark-antikvarktillstånd kallade mesoner. En proton t.ex. är ett uud-tillstånd och en neutron är ett udd-tillstånd. Precis som tidigare i historien lyckades man förklara en mängd olika partiklar med ett fåtal byggstenar.

Till en början var det många som betvivlade att kvarkarna verkligen existerade utan istället hävdade att de bara var matematiska konstruktioner. En orsak till denna skepticism var att man aldrig observerat enstaka kvarkar. För att protonen och neutronen ska få rätt elektrisk laddning måste kvarkarna ha

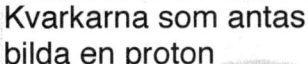
Kvarkarna som antas bilda en proton

En kvark är inom kvantfysiken en elementarpartikel som tillsammans med en eller flera andra kvarkar bygger upp den grupp partiklar som kallas hadroner. Så vitt man vet idag är kvarkarna, tillsammans med leptonerna, materiens minsta byggstenar.

Det finns sex olika typer av kvarkar, kända som aromer.[1] Aromerna med den lägsta massan, uppkvarken och nedkvarken, är i allmänhet stabila och mycket vanligt förekommande i universum. De tyngre charm-, sär-, topp- och bottenkvarkarna är instabila och sönderfaller snabbt; Dessa kan enbart uppstå vid högenergetiska kollisioner, såsom i partikelacceleratorer och i kosmisk strålning. Kvarkar har olika egenskaper såsom elektrisk laddning, färgladdning, spinn och massa. För varje kvarkarom existerar en motsvarande antipartikel, kallad antikvark, vilken skiljer sig från kvarken enbart så att vissa av dess egenskaper har motsatt tecken. (Wikipedia)

tredjedelsladdningar: u-kvarken har elektriska laddningen +2/3 och d-kvarken -1/3. Enheten för elektrisk laddning är eletronens eller protonens laddning, vilket man tidigare trodde var den minsta laddningsenheten. Men man har aldrig observerat några partiklar som inte har heltalsladdning. Beviset för att kvarkarna verkligen existerar kom 1969 då man observerade protonens understruktur vid ett experiment vid Stanford Linear Accelerator Center i Kalifornien som senare belönades med 1990 års nobelpris. Genom att bestråla protoner i ett fixt strålmål med elektroner och studera hur elektronerna spreds kom man fram till att protonen har en substruktur, kvarkarna.

Även om nu kvarkarna var upptäckta så fanns det många frågor kvar att besvara vad gällde kvarkarnas växelverkan. Några av dessa frågor har vi idag delvis besvarat, som t.ex. "Vad håller samman kvarkarna i protonen?". Många frågor är dock ännu inte besvarade. Det gäller t.ex. om kvarkarna har substruktur, vad som ger de olika kvarkarnas deras massor, hur många generationer leptoner det finns och hur många naturkrafter det finns.

För att lösa dessa frågor genomför man nu ett stort antal olika experiment inom partikelfysik. Dessa är ofta baserade på att man kolliderar högenergetiska partiklar med varandra och studerar de partiklar som skapas. Exempel på detta är elektron-positronkollideraren LEP vid CERN, proton-antiprotonkollideraren Tevatronen vid Fermilaboratoriet och den kommande proton-protonkollideraren LHC vid CERN. Men intressanta experiment kan också genomföras vid lägre kollisionsenergier, som t.ex. WASA-experimentet vid ISV/TSL i Uppsala. Det finns även ett stort antal, främst neutrinoexperiment, som är baserade på annan teknik. (Ur *Uppsala universitets* hemsida).

*

De nya naturliga byggstenarna och partikelteorin.

Men som sagt, allt behov av kvarkar och gluoner (klisterpartiklar) försvinner med den nya partikelteorin medan många andra inte alls visar sig vara fundamentala utan är sammansättningar av fotoner och neutriner. Detta gäller t.ex. elektronen och protonen. Först måste vi dock reda ut och besvara den fråga Einstein ställde för snart sextio år sedan:

Alla dessa femtio år av medvetet grubbel har inte fört mig närmare svaret på frågan, "Vad är ljuskvanta?" Numera tror varje Tom, Dick och Harry att han vet det, men han har fel. (Albert Einstein, i brev till sin gamle vän M A Besso, strax innan han dog 1954)

Vad är alltså ljuskvanta? Den nya partikelteorin baseras på en ny teori tillika en ny geometrisk modell om hur fotonen fungerar och och därmed vad ett ljuskvantum är. Teorin besvarar Einsteins fråga och ger oss nya universella byggstenar. Utifrån denna ljusfoton kan sedan alla andra partiklar på ett eller annat sätt härledas. Det kanske låter som ett övermaga påstående eller en ren lögn men är faktiskt helt sant, vilket skall bevisas här. Men då måste vi gå till grunderna. På köpet kan en rad problem utredas och förklaras. Naturligtvis kan jag inte här och nu komma med ett fullständigt svar på frågan om ljuskvanta, det kräver en hel bok. Men på det begränsade utrymmet, så ser svaret ut så här:

1) Först måste frågan om vad ljus och all annan elektromagnetisk strålning få en förklaring. Det handlar alltså framför allt om den bekanta ljusfotonen.

Den moderna fysiken har inte besvarat denna fråga om ljuskvanta. Varken J C Maxwell eller Max Planck. Inte ens av Einstein själv, vilket torde framgå av citatet ovan. Man skulle kanske tro detta, vilket många gör, då han ändock lade fram en teori om den fotoelektriska effekten 1905, en teori som belönades med ett Nobelpris senare. Eftersom han frågar om detta 50 år senare som vi alltså ser av citatet ovan, så är det uppenbart. Att folk i allmänhet (every Tom, Dick and Harry) *tror* att allt som gäller ljusfotonen och mekanismen för kvantisering är helt utrett, det är en annan fråga. Detta gäller tyvärr också många fysiker av facket. Så jag kan gå vidare till:

2) En ny modell av ljuset, en ny modell och teori om vad en ljusfoton är. När detta är klart, då först då, kan frågan om vad ljuskvanta är besvaras. Det är ju faktiskt så att det råder en bristande överensstämmelse mellan teori och experiment med den gängse modellen för ljusfotonen. Både det s k dubbelspringaexperimentet och polarisationsexperimentet falsfierar uppenbarligen den rådande modellen. Något måste alltså vara fel, allvarligt fel. Det är faktiskt lite märkligt att man i stället för att sätta den rådande modellen och dess teori ifråga, drar man slutsatsen att det är något fel på naturen! Underlig, bisarr och ologisk som den är, är domen! Bohr, Heisenberg, Born och deras tanklösa apologeter satte sig verkligen på höga hästar!

3) Tyvärr kräver detta – en ny modell av en ljusfoton – en vidare utblick, en som omfattar hela vår värld och verklighet. Teorin måste kort sagt kunna beskriva hur fotonerna har skapats och kommit in i Universum. Annars har vi inte riktigt kommit till grunderna.

Lösningen är att jag säger så här: På anfodran kan jag besvara och utreda punkt 3. Men finns också att studera i boken *Universum – utan Big Bang & Atomer – utan kvarkar*.[3] Tills vidare får jag postulera denna (något förenklade) modell av en foton i grafiken ovan. Den antas vara riktad mot betraktaren. Detta visas av minustecknet i formeln e^{-ix}. Från betraktaren plus (+). Dess frekvens ges av $f = c/r$. Radien r är då det radiella värdet (r_c). En analys och diskussion av denna modell kan i en första instans hålla sig till den inre kvadraten och yttre cirkeln. I överkursen måste helheten analyseras. Då är vi inne på en kunskapsteoretisk förklaring och matematisk beskrivning av de elektriska och magnetiska fälten – och vad gäller elektronen och protonen som vi ska se – *massan*. Vad det är. Och därmed fenomenet gravitation! Men vi väntar med detta. Nu gäller det att förklara och beskriva en foton!

Varje foton på vilket frekvensområde som helst, men efter ett fullgjort varv (2π), kan alltså ges denna allmänna formel:

$$i^4 h*e^{-i2\pi} = +1*h*1 = h$$

(eller $i^4 f*h*e^{-i2\pi} = f*h$ för en viss energi)

Vill vi veta det exakta tillståndet under ett sådant varv är det bara att sätta in ett värde mindre än 2π. Dock det finns ett *minsta* värde, vilket betyder att hela varvet är indelat i ett antal små steg[4], som tillsammans bildar ett (ljus)-kvantum med spinnet h dvs 1.

Fotonen växlar således mellan att bygga upp ett magnetiskt fält vinkelrätt mot ett elektriskt som i motsvarande grad minskar – urladdas. I nästa moment urladdas det magnetiska vars energi omvandlas till elektrisk. Fo-

---

[3] Utgiven på Vulkan förlag 2014. ISBN: 9789163771521, Författare Åke Hedberg, Kiruna, Sweden.

[4] Antalet steg är $2\pi/2m_e = Z \approx 3,5*10^{30}$. Ett ljuskvantum är alltså i sin tur indelat i ett stort antal mindre kvanta. På en högre kosmisk nivå finns ännu ett kvantum, proportionell mot Planckmassan (m_p). Detta att kvanta finns på olika nivåer måste innefattas i den nya kvantteorin.

tonen fungerar därför som en *elektrisk/magnetisk svängningskrets eller oscillator*, där det elektriska (E) är vinkelrätt mot det magnetiska och som också anger polarisationsriktningen. (Se fig. nedan till vänster!)

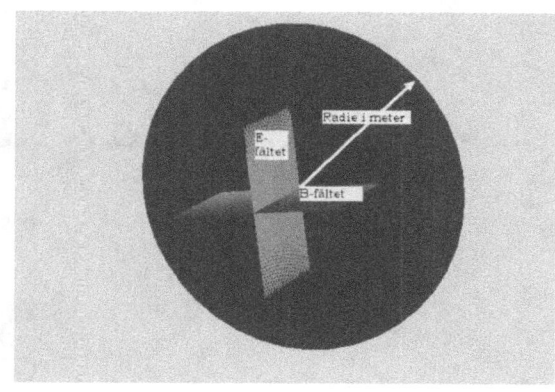

Denna synes därför svänga upp och ned medan summan av fälten är konstant. När det magnetiska är nära noll är det elektriska nära sitt maxvärde. Och vice versa. Detta kvantum är alltid lika med ett belopp rörelsemängdsmoment som är lika med Plancks konstant h. Två villkor måste alltså vara uppfyllda innan ett sådant "kvanthopp" kan göras. För det första att vektorn befinner sig i den reella (blå) zonen. (Se fig *Fotonens mått och mönster*). Det andra att produkten av den cirkulära ytan (πr^2) och den kvadratiska ($2t^2$) är lika med Plancks konstant h.[5]

Den rektangulära ytan i figuren till höger svarar alltså mot en yta med dimensionen tid i kvadrat. Ju större denna är desto mindre amplitud och ju kortare blir avståndet mellan varje foton i ett fotontåg eller fotonstråle, vilket i den gängse fysiken svarar mot våglängden (λ).(Se fig !)

För en partikel med spinnet h/2, exempelvis neutriner, elektroner och neutroner, gäller sambandet:

$$i^2 h^* e^{-i2\pi} = h/2$$

Här uppfylls tydligen inte villkoret om ett fullgjort varv. Så, vart tar den andra halvan av rörelsemängdsmomentet (h/2) vägen? Jo, för exempelvis elektronen betyder det att den andra halvan nu binder, klistrar ihop, de två komponenter jag talat om med kraften F. Här försvann tydligen behovet av "klisterpartikeln" – gluonen. Hoppsan!

Som vi sett av grafiken låter sig tydli-

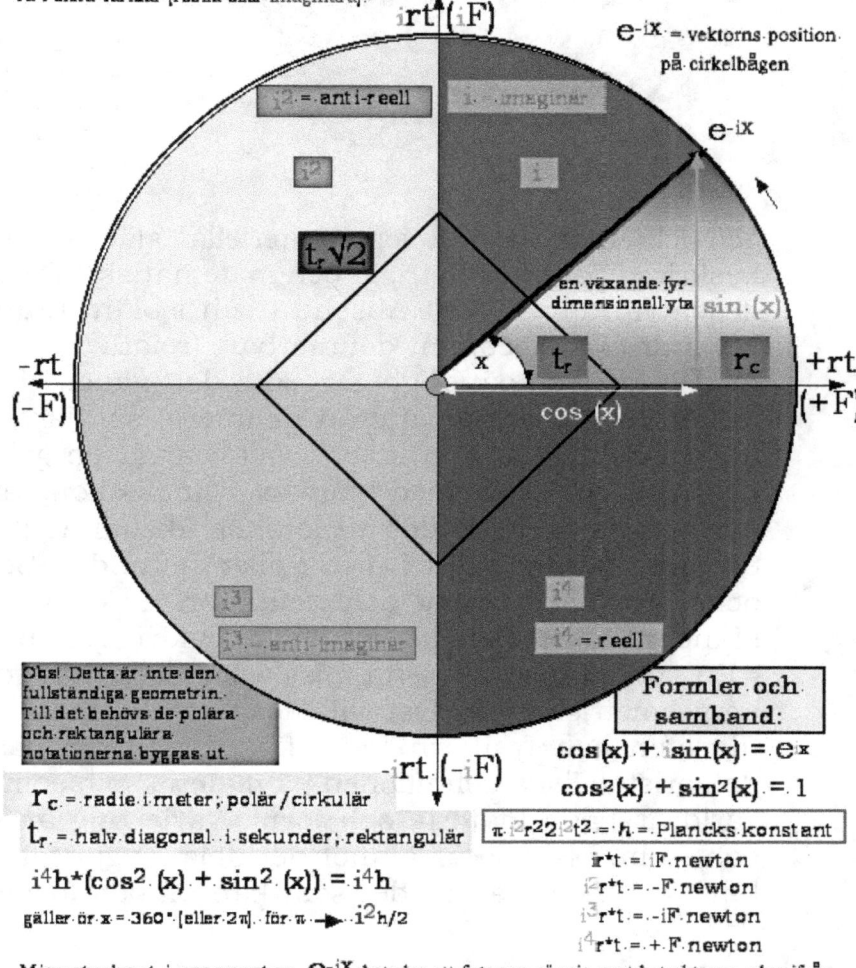

---

[5] Alltså h = $\pi r^2 2t^2$.

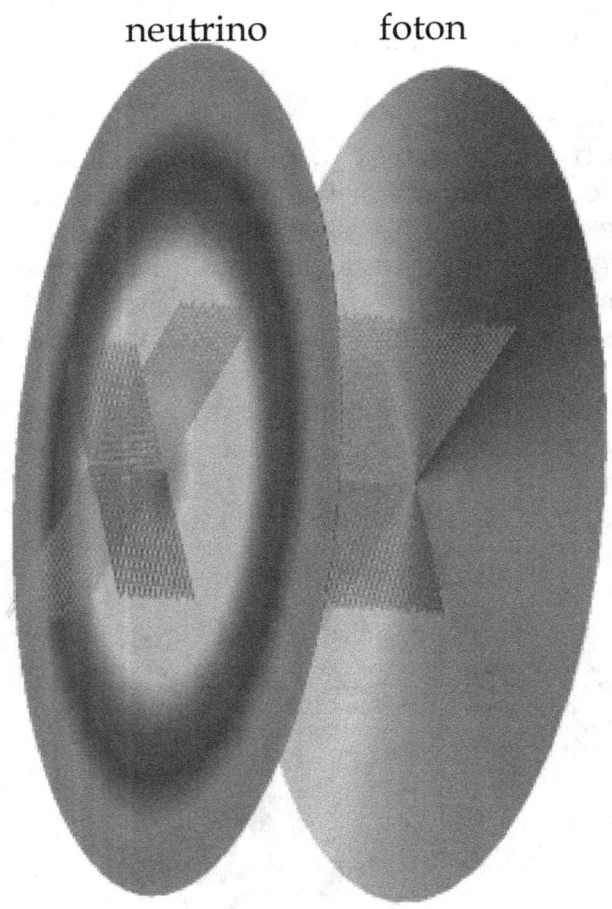

Elektronen och dess två växelverande komponenter **neutrinom** och **fotonen**. Hur de rör sig kan ses på min hemsida http://www.linnea.com/~akejean/

gen icke-materia, det icke-materiella, självaste icke-varat definieras och beskrivas både geometriskt och matematiskt! Detta är möjligt då ingen av dessa världar är rent Absoluta och isolära utan står i förbindelse med varandra i ett bestämt definierbart (relativt) sammanhang. Räknar man med gränslösa oändligheter, som den gängse fysiken och matematiken ju gör, så går det ju inte att definiera, så klart. Att definiera betyder ju att avgränsa, sätta gränser. Och här är en gräns satt både uppåt och nedåt, så att säga, med hjälp av Plancks konstanter. Vilket konkret och exempelvis sagt betyder att fotonen liksom neutrinon har en största och en minsta radie mätt i meter eller sekunder. Som bonus får vi därmed också en beskrivning och definition av de mekaniska, materiella tillstånden! Vilket den gängse fysiken aldrig lyckats med.[6]

En viktig orsak till detta misslyckande är dess oförmåga att ge materien en geometrisk form. Det vill säga om vi inte räknar med matematikern, filosofen och fysikern René Descartes, som baserade hela sin fysik på den aristoteliska definitionen på materia, och som menade att allt i denna värld är både materia och form. Varje ting är sammansatt av materia och form. Materia är ämnet det hela är gjort av och formen är det som blivit till. Materian är det som kan bli och formen är förverkligandet av

---

[6] Att diskutera och analysera vad begreppet mekanisk är som att exempelvis diskutera och analysera vad t.ex. blått är i en värld som endast är blå. Det finns då inget att jämföra med. Förståelsen blir lika med noll. Eller än värre: Inbillad.

Fotontåg

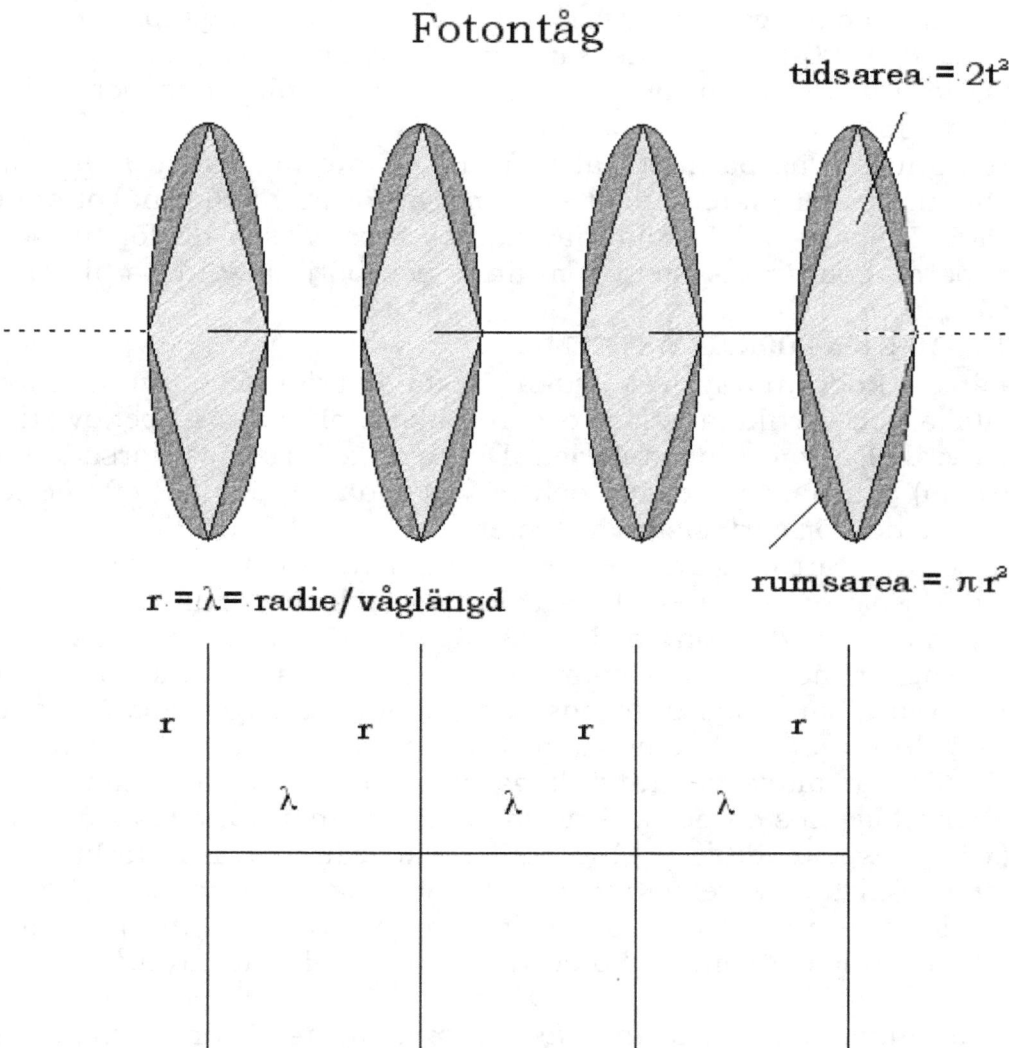

radien (r) är lika med ljusfarten (c) gånger tiden (t) = r = c*t

frekvensen (f) gånger radien = f*r = c

produkten av $\pi r^2 2t^2$ = h (= Plancks konstant)

detta. I varje förverkligande ligger nya möjligheter och i varje möjlighet finns det också ett förverkligande.

Ingen materia utan form och ingen form utan materia. Enligt Descartes är materia utsträckt substans. Han satte alltså likhetstecken mellan materia (kropp, body) och utsträckning (extension). Eftersom kropp eller materia är identisk med utsträckning, är all utsträckning, all rymd lika med materia. Alltså: världen är full; det finns inget tomrum. Men då hamnade han i samma sits som Parmenides; det fanns inget utrymme för rörelse, all rörelse var endast en illusion. Detta dilemma löste Descartes dock på ett fiffigt sätt, rörelsen kunde rotera och virvla liksom vattnet i en hink i rotation. Och eftersom materia nu anses ha form och utsträckning bör den kunna beskrivas geometriskt. Alltsedan Descartes i början på 1600-talet har *koordinatsystem* använts för att beskriva materia i rörelse. Newton införde sedan begreppet massa, som var en kvantitet som kunde räknas i kilo, gram etc. och påverkas av krafter men också ge kraftpåverkan. Sedan var det dags för Einstein att i början av 1900-talet påvisa sambandet mellan massa och energi, där massa kan ses som en form av lagrad energi, enligt den berömda formeln: $E = m^*c^2$

Men, ännu i dag på 2000-talet, finner vi inte materiens *form* i någon teoribildning eller matematiskt system. Därför inte heller något om dess *innehåll*. Frågan: vad är materia, saknar svar. Vi ska därför nu se närmare på de koordinatsystem som finns och börja med dess historia. *Se också Appendix C.*

DET NATURLIGA KOORDINATSYSTEMET

Ett gängse koordinatsystem brukar bestå av två i planet vinkelräta horisontella och vertikala axlar, x- och y-axeln plus en vid behov rumslig z-axel vinkelrät mot de två övriga. Dessa axlar är alltså korsade i origo (centrum) och har en negativ och positiv sida. Uppkallad efter Descartes kallas det för cartesiska systemet.

Det berättas att Descartes en morgon sin vana trogen låg och mediterade då han upptäckte en fluga som flög omkring i rummet. Han kom på att man kunde beskriva flugans läge genom att ange dess avstånd till tre väggar med ett gemensamt hörn. Om flugan t ex kröp omkring i taket kunde man ange dess position genom att ange dess avstånd till två av sidorna med ett gemensamt hörn på den rektangel som taket utgjorde. Så var alltså det rätvinkliga eller cartesiska koordinatsystemet fött. Varje läge hos en punkt i rummet eller planet kunde beskrivas med tre (x,y,z) respektive två (x,y) tal kallade koordinater. En punkt i rörelse kunde beskrivas med ekvationer. Det cartesiska systemet är alltså inget som beskriver hur *naturen* är beskaffad och fungerar utan är en *artefakt*; lika artificiellt som ett hotellrum eller ett laboratorium.[7]

Utmärkande för det nya *naturliga koordinatsystemet* är att planet innehåller *fyra* axlar, två i planet horisontella axlar respektiv två vertikala axlar vinkelräta mot varandra. (Se nästa sida!). Således inte enbart två enligt det gängse cartesiska. Om vi laborerar med variablerna R meter och T sekunder, så har de två vertikala axlarna dimensionerna R,T liksom de två horisontella. Stora R och T står också för en maximal radie eller sträcka i meter respektive en maximal tid i sekunder. Systemet kan därför behandla inte enbart rumsliga ytor utan också *tidsliga*. (Naturen har naturligtvis ingen preferens för just *rumsliga* avstånd eller ytor som både Descartes och Euklides förutsatte). Sträckan R kan sedan indelas i Z^2 meter, betecknad l_p meter. Detta l_p är då Planck-sträckan. På motsvarande sätt är den minimala, kvantavståndet t_p sekunder och kallas Plancktiden, som alltså är den minsta tids-enheten – ett minsta kvantum tid. Z är ett mycket stort tal och definieras av kvoten mellan 2π och elektronens dubbla vilomassa ($2m_e$), alltså $Z = 2\pi/2m_e$.

Det naturliga koordinatsystemets reella och imaginära axlar *beskriver vårt verkliga vara*. Utmärkande för det nya naturliga systemet är att dessa fyra axlar kan vara *imaginära*. Eller reella. Beteckningen är då iR respektive iT, il_p, it_p. Men också att ingen är imaginär eller att endast

---

[7] Detta att blanda ihop dessa mänskliga konstruktioner med hur naturen fungerar och är beskaffad är ett genomgående fel i hela den moderna vetenskapen. Koordinatsystemet är inte det enda. Något som en del rymdfysiker förgäves brukar påpeka. En kubikmeter i rymden är inte detsamma som en kubikmeter ved.

två är det. Det speciella med detta nya koordinatsystem är alltså att det är högst *generellt* och beskriver därför vårt *verkliga* vara och ickevara. Inte det påhittade artificiella. Det kan ses som en utveckling av det gaussiska eller einsteinska som endast har en (1) imaginär axel där den andra betraktas som reell, respektive att endast en (1) axel har tidsdimension medan den rumsliga, spatiala har tre.

I vår (konkreta) verklighet finns således den imaginära enheten alltid i en förbindelse, i ett sammanhang – ett sammanhang som den store matematikern C. F. Gauss var den förste att formulera och som han kallade *komplexa* tal. Ett komplext tal har alltså både en realdel och en imaginärdel. Exakt hur detta fungerar i vårt fall kommer att framgå i de följande kapitlen.

Men samtidigt konstatera att den mer kompletta grafiken blir lite väl gryllig och därför lite svår att alltid tyda. Jag ska därför förenkla den något, så att sammanhangen blir lättare att tyda. Vi börjar då med det cartesiska koordinatsystemet (för enkelhetens skull utan den tredje z-axeln). Se nedan hur *Wikipedia* framställer systemet:

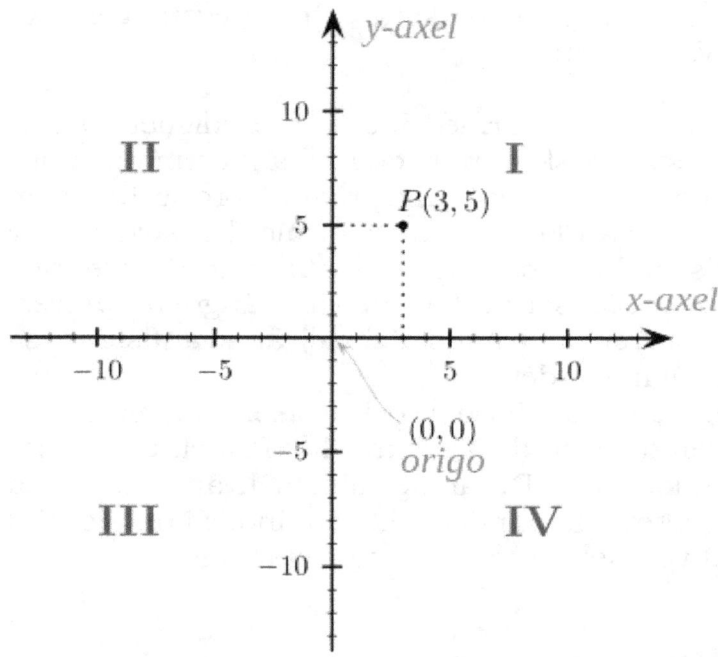

Kartesiskt koordinatsystem eller det kartesiska koordinatsystemet är ett koordinatsystem som i planet består av en x-axel (horisontell) och en y-axel (vertikal) som skär varandra vinkelrätt. Skärningspunkten kallas origo. För att få en tredimensionell representation lägger man till en z-axel vinkelrätt mot x,y-planet på ett sådant sätt att systemet blir högerorienterat. Det brukar orienteras så att x,y-planet är vågrätt och z-axeln pekar rakt uppåt.

Kvadrant	x-värden	y-värden
I	> 0	> 0
II	< 0	> 0
III	< 0	< 0
IV	> 0	< 0

Genom att välja en enhetslängd och markera dessa längs axlarna definierar man ett rutnät. Koordinaterna för en viss punkt är tal som anger hur långt ut på axeln den närmaste motsvarande punkten på respektive axel befinner sig. I det tvådimensionella fallet anger man först talet för punkten på x-axeln, sedan talet för närmaste punkt på y-axeln. Punkten i bilden får på detta sätt koordinaterna (3,5). Det kan vara värt att notera att när man ska uppsöka koordinatpunkterna på axlarna så ska man alltid röra sig lodrätt (till x-axeln) eller vågrätt (till y-axeln). Pilarna längst ut på de ritade axlarna indikerar att de egentligen ska sträcka sig ut i oändlighet.

Det kartesiska koordinatsystemet är till skillnad från till exempel det polära helt fixt. Detta innebär till exempel att man inte får extra termer när man deriverar med avseende på tiden, vilket kan vara bekvämt i vissa lägen. Å andra sidan kan de kartesiska koordinaterna vara onödigt tungrodda när man arbetar med objekt med en specifik geometri, som till exempel sfärer eller cylindrar. Axlarna i ett koordinatsystem delar in planet i fyra åtskilda områden, kvadranter. Man brukar numrera dem motsols med början i den övre högra kvadranten.

En annan fördel med kartesiska koordinatsystem är att de är lätthanterliga även när antalet dimensioner växer. Vill man utöka system till att gälla en extra dimension lägger man bara till en extra koordinataxel som är vinkelrät mot de övriga.

Det kartesiska koordinatsystemet har fått sitt namn efter den franske filosofen och matematikern René Descartes, vilket till latin översätts Renatus Cartesius. (Wikipedia).

Om vi nu vill skapa ett koordinatsystem med anspråk på att kunna beskriva hur naturen och verkligheten fungerar och samtidigt vara allmängiltigt måste vi korrigera det kartesiska på några viktiga punkter. Vi noterar: "Pilarna längst ut på de ritade axlarna indikerar att de egentligen ska sträcka sig ut i oändlighet." Vad det nu är.

Vårt universum är inte oändligt och därmed inte vår verklighet. Det är begränsat. Ett oändligt universum beskriven av den rena matematiken innebär att man kan bolla med denna rena tankeprodukt precis hur som helst. Då hjälper det inte ens med att laborera med formler konstruerad av Einstein, det blir bara en trist rad av spekulationer utan varje värde. Nej, kooridnatsystemets axlar, hur det än ser ut, får inte vara längre än universums radie. Och eftersom naturen in i minsta detalj är kvantiserat, så måste också vårt koordinatsystem var det.

Då rum och tid är de begrepp både filosofin och fysiken laborerar med så måste dessa vara kvantiserade. Och de är de av Max Planck upptäckta plancklägden (l_p) och plancktiden (t_p). De är de minsta kvanta som alla längdenheter respektive tidsenheter kan indelas i. Den ändliga antalet (Z^2) av dessa små längd- respektive tidskvanta betecknar vi R respektive T. Vi får alltså:

$$R/l_p = T/t_p = Z^2.$$

Men enligt vår önskan att generalisera koordinatsystemet, så kan vi inte favorisera varken T eller R att ha en vertikal eller horisontell position. De måste ha båda. Men som jag sade, både längd och tid är inte kontinuerliga, de är indelade i små kvanta (Z^2 stycken) – de är diskontinuerliga. Detta plus de ändliga antalet är också en skillnad mot det gängse kartesiska systemet, ja mot alla andra. Det betyder att origo inte är en nollpunkt, utan är en minsta metrisk eller temporal yta. Mot dessa två minsta och minimala ytor står då två maximala.

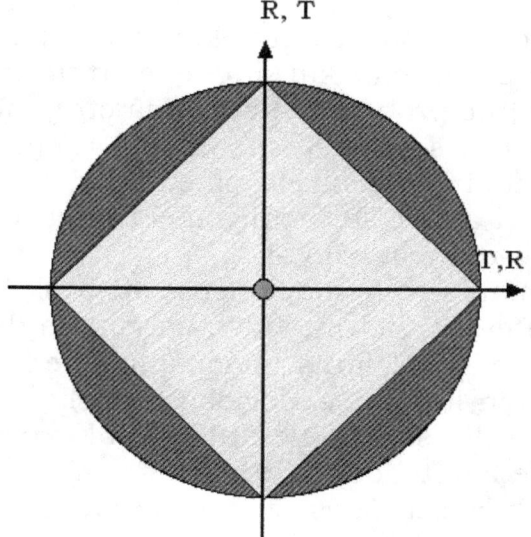

Om vi alltså byter ut y och x först mot reella R och T enligt ovan och sedan de imaginära iR och iT så får vi enligt grafiken nedan.

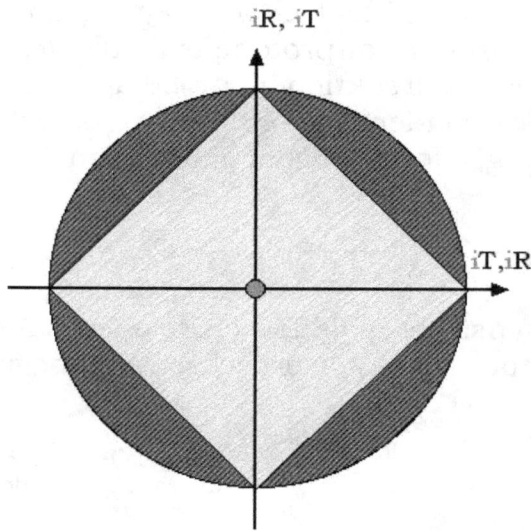

Och nu börjar vi närma oss det koordinatsystem vi har önskat oss. Det som saknas är antagandet om vår värld och verklighet som säger att den är delad i två, en reell och en imaginär, två sidor av vår verklighet som i sin tur är delad i två.

I föregående system är alla axlar reella, nu är alla axlar imaginära (enligt grafiken närmast ovan). Vilket gäller? Både ock, två kan vara imaginära och två reella. Eller tvärtom. I grunden har vi alltså fyra varianter: *Rella* eller *imaginära*, eller att R är *imaginär* och T *reell* eller tvärtom. Men det finns en variant till. Här har R och T maximala värden. Det är en variant, den andra är att både R och T är mindre än dessa och således har "vanliga" värden som r eller t. Alltså värden mellan det minsta l_p och det största R och mellan t_p och T. I det första fallet med maximala värden på R och T handlar det om makrokosmos, i det senare med variabla värden mikrokosmos.

När man använder sig av koordinatsystem brukar man också använda sig av olika notationer. Polära eller rektangulära. Här kommer vi använda oss av båda samtidigt, antingen är den metriska polär och då är den temporala rektangulär eller så gäller vice versa.

Men det finns också, som kvantmekanikern och den filosofiskt och kritiskt lagde David Bohm påpekat, inte ens en funktion som representerar sannolikheten (the probability) att finna ett ljuskvantum i en given punkt. Nej, det finns ju som sagt inte ens en fungerande teori om vad ett ljuskvatum är. Inte i den gängse fysiken. Med den nya hypotesen om fotonens natur har vi alltså "förmodligen" kunnat förklara och besvara Einsteins fråga om vad ljuskvanta är.

Och därmed, om man så vill, möjligheten att beskriva ett ljuskvantum i en given punkt, eftersom det inte är fråga om en delar av en våg eller om att någon slags partikel finns någonstans i en viss punkt med en viss sannolikhet. Även kunnat ge logiska naturliga förklaringar på ljusets polarisering och det så kallade dubbelspaltexperimentet. Men som vi sett av föregående kapitel också kunnat ge en helt ny syn på elektronens, protonens och neutronens struktur. Inte nog med detta så har "spökpartikeln" neutrinon fått en konkret struktur och hur den hänger ihop med fotonen. Därmed har kvarkteorin kunnat avfärdas som en helt förhastad och galen tolkning av gjorda experiment.

Nåväl, men hur ska nu t.ex. fotonens och elektronens struktur kunna bevisas? Och neutrinons? Elektronen är ju det instrument som används att utforska bland annat protonens struktur? Jo, det går att lista ut ur en lång rad partikelreaktioner, ur beta-sönderfall etc. Vi ska då börja med neutronens sönderfall, som tidigare berörts.

Här nedan den gängse formeln som gällt sedan 1930-talet:

$$n \to p + e^- + \bar{\nu}_e.$$

Enligt det nya synsättet är alltså elektronen sammansatt av en neutrino och en foton. Detta gör processen helt begriplig och kan tydas

Steg 1

neutron   proton   fotoner

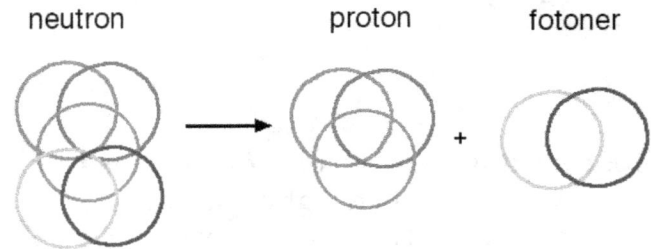

Enligt den nya teorin: En neutron (till vänster) sönderfaller i ett **första steg** i en proton och två motsatt spinnande fotoner (en blå och en gul ring) – identisk med W⁻-bosonen. (Se grafiken på nästa sida). I nästa moment, **steg 2**, delar en foton sig så ett en antineutrino (grön ring) frigörs, medan den resterande förblir bunden till en foton och bildar en elektron. (Beteckningar: röd ring neutrino, grön antineutrino. Blå ring foton, gul ring antifoton). Detta är inte den gängse synen på denna process.

Steg 2

fotoner   elektron   anti-neutrino

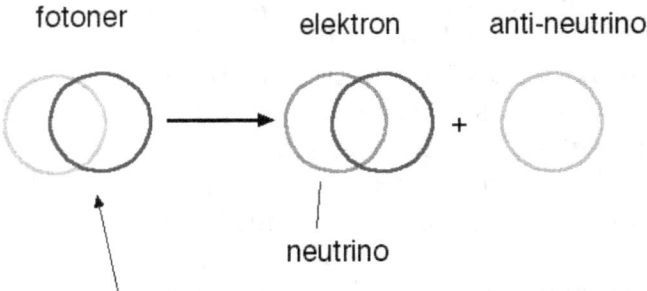

neutrino

(W⁻ = benämnd intermediär vektor-boson i gängse fysik. Här en foton kopplad till en anti-foton)

så att antineutrinon, strax innan sönderfallet, suttit ihop med *elektronens* neutrino och bildat en foton. Detta är ju bevisligen en av neutronens sönderfallsprodukter som vi ser av reaktionsformeln ovan. Med andra ord: i ett *första* steg i sönderfallet så finns egentligen endast två (2) produkter: protonen och två motsatt spinnande fotoner i *bundet* tillstånd.

De två samverkande fotonerna

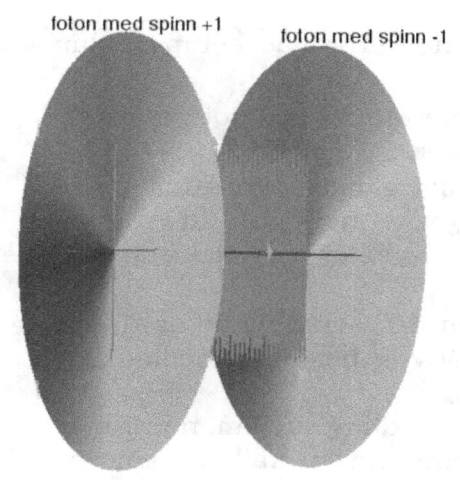

Intermediär W‑ boson samansatt av två motsatt spinnande fotoner vilket ger en negativ elektrisk laddning. Mycket instabil; sönderfaller snabbt.

(gul och blå) betraktas som en helt ny partikel i gängse fysik och benämns *intermediär W–boson* med *negativ* laddning (se grafiken här intill).

Varifrån kommer då dessa fotoner? Jo, som vi kanske minns så var neutronen sammansatt av tre neutriner och två fotoner, enligt grafiken på nästa sida. Två "röda" neutriner plus en "grön" anti- (alltså en proton), med sammanlagt spinn ½ plus två fotoner med motsatt spinn (±1) bildar en neutron. För ett mycket kort moment så har vi alltså konstellationen en proton plus detta par av fotoner. Detta är steg 1. **Steg 2** blir då att fotonerna sönderfaller, kommer ur balans, och bildar en antineutrino och en elektron. Resultatet av hela förloppet blir alltså enligt grafiken på föregående sida.

Den gängse synen i ord på hur neutronen sönderfaller är alltså denna (Wikipedia):

Utanför atomkärnan är neutronen instabil och sönderfaller med en medellivslängd 885,7 ±0,8 sekund som motsvarar en halveringstid på 10 minuter och 14 sekunder. Vid sönderfallet omvandlas neutronen till en elektron, en antineutrino och en proton.

Neutronens sönderfall i två steg enligt det nya synsättet ser vi alltså ovan. *W-bosonen är alltså i själva verket två (tillfälligt) samverkande kopplade fotoner.* Elektronen är en neutrino kopplad till en foton. Den "intermediära vektor-bosonen", alltså W⁻ - bosonen, är sammansatt av två motsatta fotoner, en foton och en antifoton. Bosonen sönderfaller snabbt i en elektron och en anti-neutrino. Om detta beta-sönderfall kan vi läsa enligt gängse synsätt:

Betasönderfall eller β-sönderfall är (tillsammans med alfasönderfall) en av två huvudtyper av sönderfall hos atomkärnor. Betasönderfall sker genom svag växelverkan. Vid betasönderfall förblir antalet nukleoner (protoner och neutroner) konstant, medan däremot fördelningen mellan protonerna och neutronerna ändras. Med andra ord är masstalet (A) konstant medan atomnumret (Z) ändras. Betasönderfall kan delas in i tre undertyper:

Beta minus-sönderfall (eller β−-sönderfall): En neutron sönderfaller i en proton som stannar kvar i kärnan, en elektron som har så pass hög energi att atomen inte orkar hålla kvar den och i en neutrino (i detta fall en antineutrino).

Beta plus-sönderfall (eller β+-sönderfall): En proton faller sönder i en neutron, en positron (en "anti-elektron") och en neutrino.

Elektroninfångning: En proton "fångar" in en elektron, och bildar en neutron, samtidigt som den sänder ut en neutrino. Detta sker främst om energin som skulle frigöras av ett beta plus-sönderfall inte är tillräcklig för att skapa en elektron.[8]

De elektroner som sänds ut vid β–- och β+-sönderfall kallas betapartiklar och utgör betastrålning.

Eftersom det bildas en proton i sönderfallet är atomnumret hos dotterkärnan ett högre än atomnumret hos den ursprungliga kärnan.

Betasönderfall sker genom svag växelverkan, enligt gängse synsätt. På elementarpartikelnivå är β– sönderfall en omvandling av en nerkvark till en uppkvark genom utsändande av en W⁻-boson som sönderfaller i en elektron och en elektronantineutrino.

Sönderfallet sker genom svag växelverkan, där en d-kvark förvandlas till en u-kvark, en elektron och en antineutrino. En negativ W-boson förmedlar den svaga växelverkan som en virtuell partikel.

Inne i atomkärnan sker normalt en ständig förvandling mellan neutroner och protoner genom att dessa partiklar utbyter pioner, även kallade pimesoner. (Wikipedia),

Detta alltså enligt det gängse synsättet. Läsaren kan välja. Väljer du den nya hypotesen slipper du allt tal om kvarkar, som fortfarande besväras av en synnerligen dunkel filosofi. Du slipper fundera över W⁻ och Z-bosoner, svag och stark växelverkan, teorier om "klister" (glue), meningslösa så kallade Feynmandiagram mm. Allt du behöver är alltså neutriner och fotoner (och deras antiformer). Som vi ser av grafiken så antas också sönderfallet enligt gängse synsätt ske i två steg. I β+-sönderfallet bildas alltså positiva elektroner och neutriner. Notera också att W⁻-bosonen, som antas uppstå genom svag (**w**eak) växelverkan, betrakats som en virtuell partikel. Här nämns också pimesoner, också benämnda π-mesoner, som antas vara komponerade av kvarkar och antikvarkar. Detta ska vi nu titta närmare på. För att testa vår nya hypotes.

Pionsönderfallet.

$$\pi^+ \longrightarrow \mu^+ \, \nu_\mu$$

Pionen sönderfaller alltså i en myon och en neutrino. Så vi ska börja med att analysera myonerna. Och vi ska göra det med hjälp av vår nya hypotes, alltså utan Feynman, kvarkteorier e.d.

---

[8] Detta kan inte vara riktigt. Så här bör det vara: En **elektron** fångar in en antifoton (e⁻ + γ⁻) och bildar en W⁻-boson. Den neutrino ($v_{e.}$) – som utgjorde en del av elektronen – frigörs. Bosonen fångar in en proton (p⁺) som neutraliseras och bildar en neutron (n). Formeln i två steg blir; först e⁻ + γ⁻ → W⁻ + $v_{e.}$ Sedan W⁻ + p⁺ → n. Processen producerar alltså **neutroner** och **neutriner** och kräver alltså energi av rätt slag. Den kan förmodligen ske på solen och andra stjärnor av liknande storlek.

Om energin är väsentligt högre kan neutroner produceras i så stor mängd och så snabbt att s k neutronstjärnor bildas. På solen sker processen dock så långsamt att fusionprocesser, via neutroner plus protoner som ger deuteroner (D) som ger heliumkärnor plus energi, kan ske. Detta gör att en viss energiutveckling i balans råder vilket gör att solen fortfarande efter ca 5 miljarder år lyser och värmer.

En myon är en elementarpartikel i fysiken som upptäcktes 1937. Den liknar elektronen, men har betydligt större massa (105,6 MeV jämfört med 0,511 MeV). Myoner tillhör, liksom elektroner, leptoner. Myonen är instabil med en genomsnittlig livstid av $2,2 \cdot 10^{-6}$ sekunder. Myoner uppstår i den övre atmosfären genom kosmisk strålning. (Wikipedia).

$$\mu^- \rightarrow e^- + \bar{\nu}_e + \nu_\mu, \quad \mu^+ \rightarrow e^+ + \nu_e + \bar{\nu}_\mu$$

Myonsönderfall (μ^+) sker genom W-bosoner (svag växelverkan). (Wikipedia).

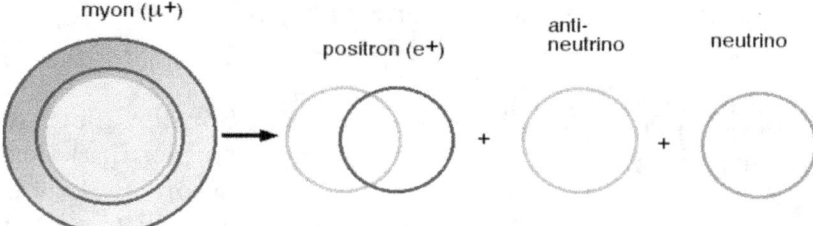

I diagrammet ovan ser vi hur myonen (μ^+) i sin tur sönderfaller i en positron (e^+), en neutrino och anti-neutrino. Neutrinon antar vi har varit en komponent i en foton. Pionen är alltså sammansatt av en elektron med en foton och en neutrino, vilket gör tre neutriner (eller en och en halv foton) plus två neutriner. Alltså fem neutrino-enheter, tillkommer så en neutrino till (från pionsönderfallet). Allt som allt gör detta sex neutrino-enheter eller tre foton-dito vilket på det ena eller det andra sättet ingår i pionens struktur. För myonen gäller således fem neutriner motsvarande 2,5 fotoner. Hur ska dessa arrangeras för att på bästa sätt motsvara myonens verklighet? Om vi börjar med denna. Tja, vi kan lägga fem neutriner på rad enligt nedan:

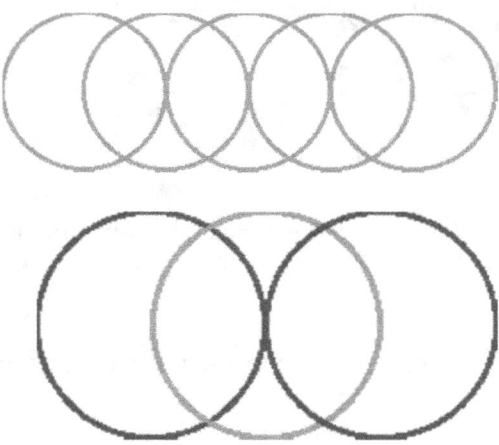

Eller 2,5 fotoner (ovan)

För pionen med sex neutriner nedan (och eller antiformer)

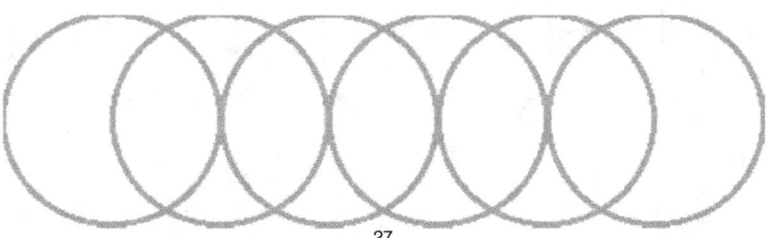

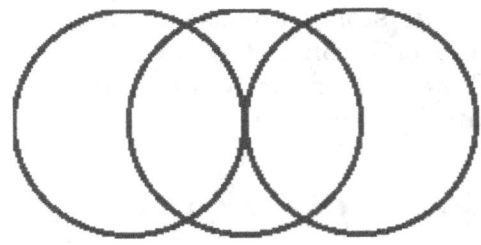

eller tre fotoner ovan, kan vi göra så här:

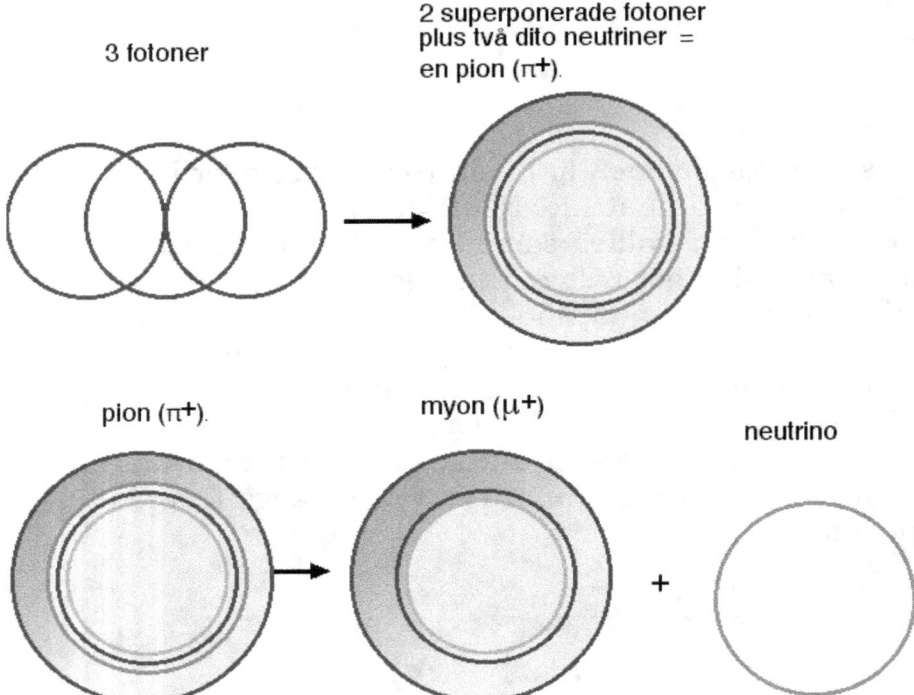

Sönderfallet av en pion (π+) i en myon (μ+) och en neutrino (ν) kan alltså ses på detta sätt (se grafik!). Myonen i sin tur sönderfaller som sagt sedan i en positron och en neutrino. För π- gäller motsvarande med en negativ myon (μ-) och en antineutrino.

The π^0 (neutral pion) is a $q\bar{q}$ meson. The quark and antiquark can annihilate; from the annihilation come two photons. This is an example of an electromagnetic decay, säger Standardmodellen.

För den neutrala pionen (π^0) ser sönderfallet ut på detta vis:

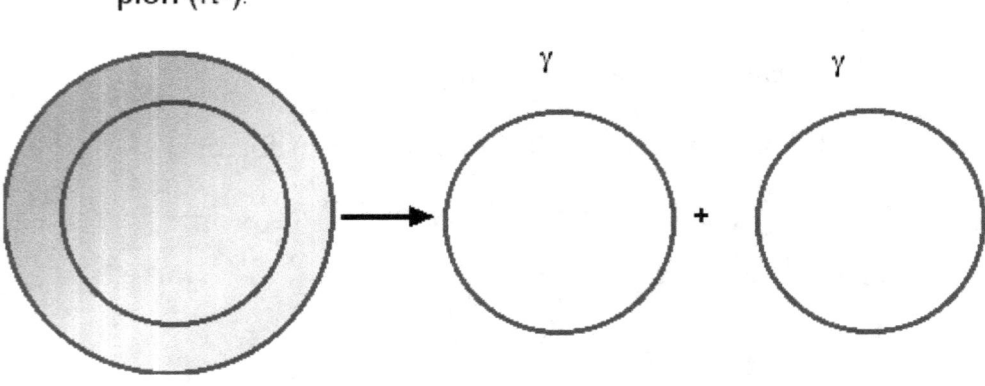

Läs budskapet: "from the annihilation come two photons". Yes! Om "The quark and antiquark can annihilate". Glöm detta påhitt med kvarkar! Fakta är ju att pionen är sammansatt av en foton och en antifoton med viss energier. Samma byggnadstenar som W-bosonen, således.

Den neutrala pionen (π^0) är en sammansättning av två fotoner (γ-strålning), menar jag. Det är också hur sönderfallsreaktionen ovan kan tolkas (kan finnas andra). Eftersom pionen är neutral betyder det att fotonerna har motsatta spinn; den ena +1 den andre -1. Lägg märke till skillnaden mellan detta pionsönderfall där två fotoner bildas och neutronsönderfallet där W$^-$-bosonen bildas. I det första fallet samverkar inte fotonerna i det andra gör de det. I sällsynta fall kan den neutrala pionen sönderfalla i ett elektron-positronpar plus en foton. Det betyder att pionen kan vara sammansatt av fyra (4) fotoner vars spinn tar ut varandra. (Tre eller fem duger inte då ju summan av respektive spinn måste bli noll).

Läsaren kan välja: Bilder med pilar åt olika håll plus mystiska streckade horisontella betecknade med W$^-$. Frågan är vilken framställning som ger mest information. Man kan också fråga sig varför ingen kommit på detta förr: nämligen att en pion är sammansatt av två motsatt verkande fotoner, att de till två laddade pionerna måste en neutrino eller anti-neutrino läggas till kompositionen? Bygger man vidare på denna idé kan man sedan förstå hur elektronen, protonen och neutronen är sammansatt. Osv.

Läsaren kan nu helt på egen hand ge ett schema för hur myonen sönderfaller. Eller? En positron är alltså en positiv elektron. Hur den bör se ut är då lätt att konstruera efter hur den vanliga ser ut. Neutrino plus foton ger alltså elektronen kan vi se ovan eller nedan där antineutrino plus antifoton ger anti-elektronen – positronen. Som vi ser innehåller myonen två fotoner och en neutrino. Vid neutronsönderfallet såg vi att två motsatt spinnande fotoner motsvarar W$^-$ – bosonen.

Omräknat till neutriner finns alltså fem (5) stycken (2,5 fotoner). På föregående sida den positiva myonen ($\mu+$) med en foton och tre neutriner (2+3 = 5). Med hjälp av dessa byggstenar – legobitar? – kan nu alla slag av partiklar komponeras och deras eventuella sönderfall studeras. Matematiken för deras exakta struktur och dynamik är enklast möjliga.

För en foton (γ) vilken som helst i vilket moment som helst gäller sambandet;

$$\gamma = i^4 h e^{-ix}$$

där i är den imaginära enheten ($i^2 = -1$) och e är den naturliga logaritmen och h är Plancks konstant. Sedan är x större än noll men mindre än eller lika med 2π. Alltså $0 > x \leq 2\pi$.

För en neutrino (ν) vilken som helst gäller i^2, dvs. $\nu = i^2 h e^{-ix}$ och då endast halva varvet π. (Inte 2π). För antiformerna (anti-foton och anti-neutrino) behöver man endast byta minustecknet ovan till plus (+). Vill man ange en speciell energi (E) så gäller det vanliga sambandet $f*h = E$.

Detta *gäller fria partiklar*. För bundna gäller $i^0 = +1$. Detta är en matematik man kan lära sig på en eftermiddag. Jämför med den gängse synen på elementära enheter: Vilken materieteori sysslar med den verkliga världen och verkligheten? Vilken avstår ifrån från att hitta på nya enheter? Vilken är enklare? Vilken är mer utvecklingsbar och ger mer information? Och inte minst: vilken materieteori håller sig med idel kända och experimentellt funna enheter? Exempel på vad? Jo. "Den kris Popper såg inom den nya fysiken berodde enligt hans mening väsentligen på två saker: a) inblandningen och inträngandet av subjektivism i fysiken; och b) att den idén segrat som säger att kvantteorin har nått en komplett och final sanning." Syftet med kvarkhypotesen var en gång att förenkla, reducera antalet partiklar. Lägger man till dessa 15 partiklar här alla antipartiklar, blir det således över 30 stycken.

Hur många ser i grafiken här ovan att fotonen kan ses som en produkt av neutrinon och anti-netrinon? Eller att med andra ord: kvadratroten ur fotonen ger neutrino och anti-neurinon som resultat? Om en sådan reaktion kan studeras i experiment, i verkligheten och i naturen, helt eller delvis, är en annan fråga. Mycket talar dock för att de också kan annihilera, dvs bilda fotoner.

En foton $\gamma = i^4 h e^{-ix}$ kan, som vi alltså har sett, lätt skapas ur sambandet:

$$e^{i\pi} + 1 = 0$$

Men måste först skrivas om till $e^{\pi i} = -1$

för att sedan formuleras till:

$$e^{i\pi} = i^2$$

för att fungera.[9] Ett exempel på hur den "rena" matematiken kan och måste omvandlas till något som handlar om naturen och verkligheten. Om det är den vi vill beskriva.

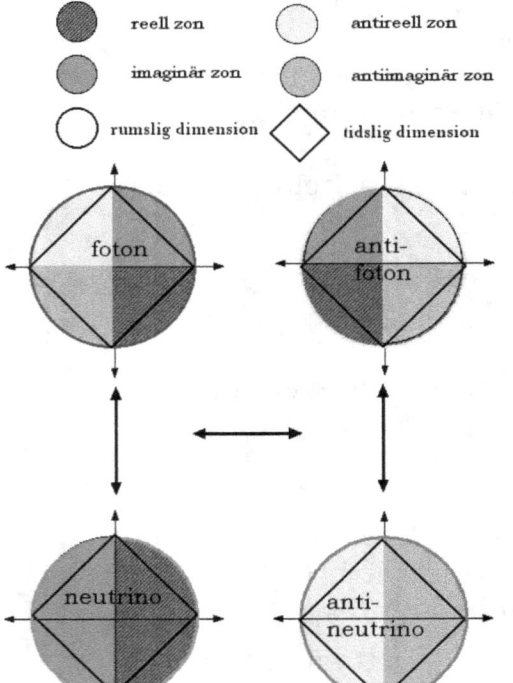

Intill: Detta är alltså de legobitar – de byggstenar – som bokstavligt talat allt i denna värld är uppbyggt och sammansatt av. Lägg märke till hur fiffigt de kompletterar varandra och hur deras kraftverkan är riktad (ej komplett utritad här!) Men varje pil motsvarar en kraft F, som kan vara reell, imaginär etc. En elektron, proton, neutron, atom, molekyl vilken som helst kan alltså beskrivas med dessa fyra byggstenar. Några särskilda slags krafter som kärnkrafter, svaga och starka krafter, gravitationskrafter etc behövs inte. Alla är de av samma natur, endast på avstånd olika starka.

*

För tyngre partiklar – olika slag av hyperoner – gäller liknande resonemang. Här gäller regeln att antalet baryoner som deltar i en reaktion alltid är oförändrat. Baryontalet bevaras, som regeln låter.

Ty för den imaginära enheten gäller att $i^2 = -1$.

Varför det är så kan vi lätt förstå när vi vet att både *protoner* och *neutroner* är sammansatta av tre triangulärt *bundna neutriner* – en mycket fast bindning som vi har sett (se grafik nedan och härintill!). Denna triangel faller inte sönder så lätt. Baryontalet till vänster i ett reaktionsled är alltså plus ett (+1), ty en neutron är en baryon. För högra ledet gäller samma sak, ty en proton är också en baryon. Ingen förändring således.

Hur dessa partiklar med högre energi än protoner och neutroner är sammansatta överlåter jag nu till läsaren att roa sig med att komponera och konstruera. Annars avser jag att återkomma till frågan om högenergipartiklar då problemet om uppkomsten av vårt Universum och inflödet av kosmisk strålning[10] behandlas. Om vi nu låter en proton och en elektron reagera med varandra, vad händer? Enligt $p^+ + e^- = H + 13.6$ eV

På nästa sida ser vi nu att atomkärnan bildas av 3 neutriner (varav en är grön, dvs. en antineutrino). Den *nya* fjärde (som här syns med sin rumsliga röda komponent i skalet) kommer förstås från *elektronens neutrino*. *Elektronskalet* bildas nu av *elektronens och neutrinons fotoner*, atomens röda och blåa ringar. Inalles ser vi alltså 5 ringar, varav 2 i skalet. De fem (5) *temporala* i kärnan är här ej utritade av pedagogiska skäl.

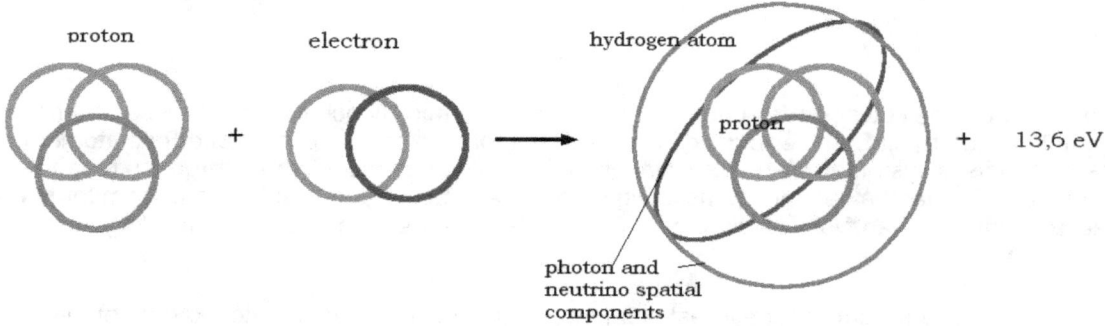

En ny *atommodell*! Inga elektroner, mer eller minder *molniga*, som susar runt och bildar skal. De olika skalen har förstås samma antal, storlek och avstånd till kärnan som den gamla modellen. Här visas endast den enklaste atomen – väteatomen. Obs. att endast fotonens och neutrinernas *rumsliga, spatiala* komponenter syns här. De *tidsliga, temporala* syns alltså inte alls i denna grafik.
Elektronens förlust av energi – 13,6 eV – avspeglas i dess ökande spatiala komponent. Eller om man så vill – dess *minskade* temporala komponent; som dock inte syns i grafiken här.

Äntligen efter mer än 100 år kan vi lämna Bohr's gamla planetariska modell och även den några år senare konstruerade kvantmekaniska "moln"-modellen! För att inte tala om den på kvasifilosofiska grunder införda idén om kvarkar gluoner etc. Atomer med hur många skal som helst får dessutom en betydligt enklare och noggrannare matematik. Så enkel att den som vill nu kan skapa vilken atom hen vill! Det är som ett lego där alla bitarna nu finns. Foga bara till neutroner och fotoner i

---

[10] Utforskandet av den s k kosmiska strålningen (CR) påbörjades för över hundra år sedan (1912). Fortfarande är dess källa en gåta (naturligtvis men förklaras lätt av den nya kosmologiska modellen). Får ej förväxlas med den kosmiska bakgrundsstrålningen (CMB),

kärnan och neutriner i lämpligt antal. Då varje elektron har en foton bildar de skalen.

Helium med atomnummer 2 exempelvis, med två protoner (=6 neutriner) och två neutroner (=6 neutriner) i kärnan får alltså 12+2=14 neutriner, varav fyra antineutriner. Tillkommer fyra fotoner i kärnan och 2 i skalet = 6 fotoner. Inalles 20 partiklar i bundet tillstånd. Kol, med atomnummer 6, har alltså 3 gånger som många partiklar.

Och observera detta än en gång, inga – 0,0 – elektroner i skalet!

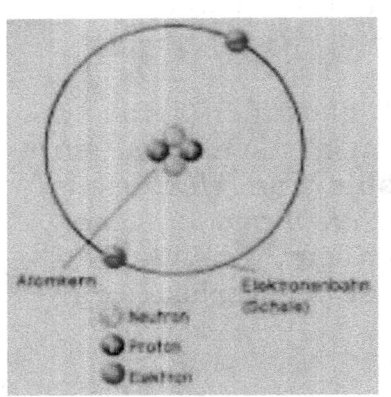

Jämför sedan med den gamla synen på atomen, taget ur *Forskning & Framsteg* 2013:

Mycket enkelt uttryckt innebär Bohrs atommodell att man tänker sig en atom som ett planetsystem, med de negativt laddade elektronerna som planeter och den positivt laddade atomkärnan som sol i mitten. Men till skillnad från hur planeter rör sig tänker man sig att elektronerna kan hoppa mellan banorna. Hoppar de från en yttre bana till en inre sänds en blixt av elektromagnetisk strålning ut från atomen. Denna strålning har en karakteristisk frekvens som avgörs av skillnaden i elektronens energi mellan de två banorna. Träffas atomen av en sådan blixt, kan det hända att en elektron lyfts upp från en inre till en yttre bana.

Bohrs atommodell utvecklades under 1910-talet av honom själv och flera andra, speciellt hans tyske kollega Arnold Sommerfeld, och kunde till slut förklara många egenskaper hos atomerna i hela periodiska systemet. Men vissa svårigheter kvarstod och modellen efterträddes redan i mitten av 1920-talet av en mindre åskådlig modell, baserad på den kvantmekanik som formulerats av några av kvantfysikens skapare – främst Werner Heisenberg, Erwin Schrödinger och Paul Dirac.

I den kvantmekaniska modellen föreställer man sig den positivt laddade atomkärnan omgiven av ett moln av negativ laddning. Molnet kan förändra sin form genom att skicka ut eller ta emot elektromagnetisk strålning. Men med sin åskådlighet fortsätter Bohrs atommodell att vara den som många fysiker och kemister har i huvudet, även om de använder kvantmekaniken vid sina beräkningar.
(http://fof.se/tidning/2013/10/artikel/en-ododlig-100-aring-darfor-tror-vi-fortfarande-pa-niels-bohrs-atommodell)

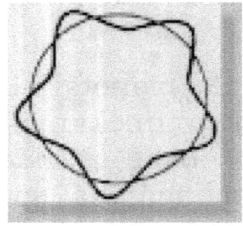 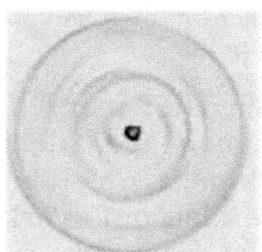

Olika förlegade modeller av atomen. Den till höger är den som liknas med en kärna omgiven av ett moln av elektroner. Till vänster ska det föreställa elektroner i vågor! Överst gäller det ett planetariskt system som de andra två ska antas vara en "utveckling" av.

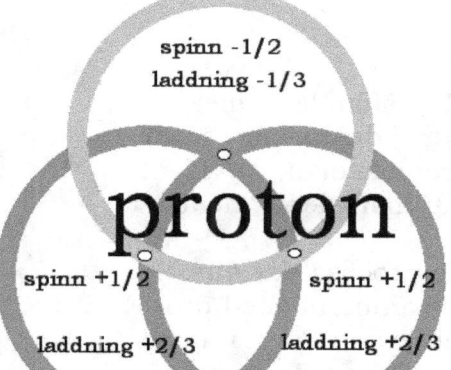

Till vänster: Två neutriner (röda), plus är en antineutrino (grön), formar en *proton*.

Två antineutriner, plus en neutrino (röd), formar en *antiproton*. Inget "klister" behövs.

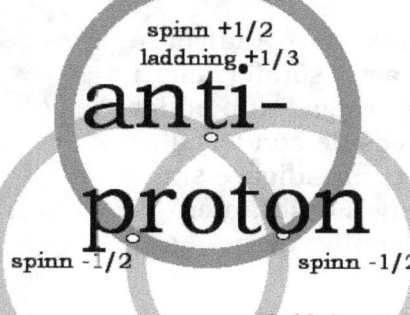

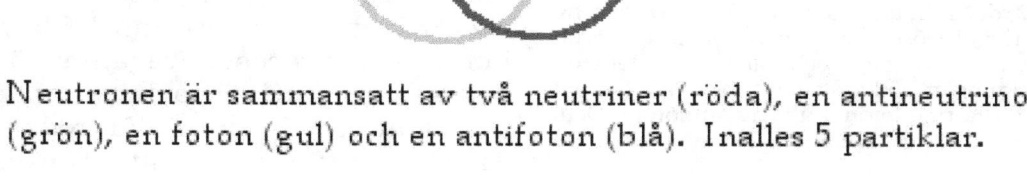

Neutronen är sammansatt av två neutriner (röda), en antineutrino (grön), en foton (gul) och en antifoton (blå). Inalles 5 partiklar.

Intill: Protonen enligt **kvarkteorin**. Antiprotonen är alltså sammansatt av två d och en u. Allt ihopklistrat av gluoner. (Se zickzack-mönstret!)

***

Appendix A

Varför lyser solen?

Det finns något som inte stämmer med den gängse teorin beträffande de mekanismer som alstrar solens energi. Den grundläggande tanken i denna teori är att *två väte direkt* fusioneras till deuterium i den s k proton-protonkedjan, varvid stora mängder energi bildas. Detta i ett första steg vilket gör att mängder av neutriner bildas. Vilket i*nte stämmer med observationer.*[11]

Min idé är att *neutroner* bildas i ett *första* steg; en process *där färre neutriner bildas netto*. Neutronerna bildar sedan tillsammans med protoner deuterium (egentligen deuteron). Först i nästa steg bildas helium. Det nya paradigmet öppnar för denna möjlighet. Se en kortversion nedan; där det dock krävs att fotonen har en viss mycket hög energi, en energi som förvisso finns tillgänglig i solens inre, tack vare det höga trycket.

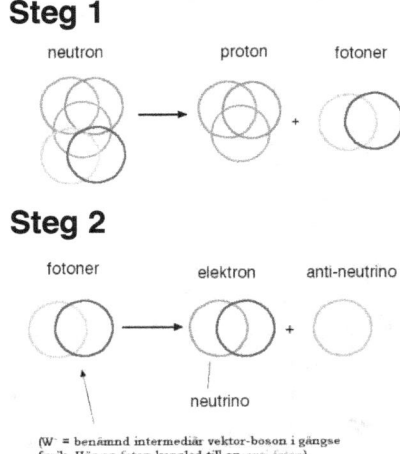

Men varifrån ska neutronerna komma? Alla vet ju att de ganska snabbt – på en kvart – sönderfaller i den mån de existerar. Jo, de kan byggas upp enligt den omvända – reversibla – process de sönderfaller i. Och hur detta går till har vi sett på tidigare sidor och som vi ska titta på än en gång. Först (än en gång) hur neutroner sönderfaller enligt det nya sättet att se: (Se grafiken ovan till vänster).

En neutron sönderfaller i ett **första steg** i en **proton** och två motsatt spinnande **fotoner** (en blå och en gul ring) – identisk med W-bosonen. (Se grafiken också nedan). I nästa moment, **steg 2**, delar en foton sig så ett en **antineutrino** (grön ring) frigörs, medan den resterande förblir bunden till en foton och bildar en **elektron**. (Beteckningar: röd ring neutrino, grön antineutrino. Blå ring foton, gul ring antifoton). Detta är inte den gängse synen på denna process.

Den *reversibla* omvända processen blir då enligt grafiken nedan intill. Här bildas i slutsteget alltså *neutroner*, vilka sedan kan bilda *deuterium* vilket sedan lätt kan bilda *heliumkärnor*, i en fusionsprocess. Frågan är förstås varifrån dessa antineutrinerna kommer. Jo, det enkla svaret är att de finns där redan från början! Emedan de finns överallt i Universum. Så ock på och i Solen förstås. Och de finns i mängder. Så vi ser att i denna fundamentala fusionsprocess på Solens så bildas *inga nya antineutriner all*s. Tvärtom *konsumeras* sådana! Noga räknat så finns det många olika processer och även fusionsprocesser på och i Solen, så visst produceras också antineutriner.

Men den *viktigaste* är att deuterium (deuteroner) kan nybildas tack vare att det *finns en ständig tillgång till nya neutroner!!*
Därför lyser Solen.

*

Hur neutroner skapas i en process i solen.

---

[11] Only one third to one half of predicted number of electron neutrinos were detected. (Wikipedia)

Appendix B

Om Einsteins Relativitet och Newtons Absoluthet

För att förstå problemet med Einsteins Relativitetsteorier, den speciella från 1905 och den allmänna några år senare, och varför de inte går ihop med kvantmekaniken måste man till att börja med ställa den i relation till Newtons Absoluthetsdito 200 år tidigare.

Wikipedia: Enligt den speciella relativitetsteorin bildar rummet (med de tre dimensionerna djup, höjd och bredd) och tiden tillsammans ett fyrdimensionellt system, den så kallade rumtiden, och mätningar av tid och avstånd beror av observatörens rörelse. Det finns inga absoluta rörelser eller tidsförlopp utan dessa är relativa och ett föremåls hastighet kan bara anges i förhållande till andra föremål. Teorin anger också att det finns en högsta hastighet, nämligen ljusets hastighet i vakuum och att denna hastighet är konstant och lika för alla observatörer. De fysikaliska lagarna är desamma för alla observatörer. Föremål som rör sig i förhållande till observatören förkortas i rörelseriktningen (enligt observatörens mätningar i denna riktning, någon lokal kontraktion av objektet förekommer ej) och klockor i rörelse går långsammare än klockor i vila. Teorin anger också att massa är en form av energi. Relativitetsteorin baseras på två postulat, men utgår i själva verket från tre:

1) det finns en högsta hastighet, nämligen ljusets hastighet i vakuum
2) och att denna hastighet är konstant och lika för alla observatörer.
3) Det finns inga Absoluta rörelser eller tidsförlopp ("allt är relativt").

Det sista är alltså det tredje postulatet, något som är en slags negering av Newtons påstående att allt är oföränderligt och därmed Absolut: tid, rum, materia. Tiden existerar oberoende av allt annat. Einstein påstår alltså det motsatta: Allt är Relativt, även om han själv inte gillade uttrycket och heller inte formulerade det så. Men detta är innebörden. Men påståendet att allt är relativt är ett Absolut påstående. *Allt är alltså relativt utom detta (Absoluta) påstående.* Tydligen, trots att ljusets konstans exempelvis är en absolut företeelse. Denna motsägelse löses om det relativa också ses som absolut och det absoluta också är relativt. Och det är precis så naturen också fungerar. För Newton var alltså allt till 100 % Absolut, för Einstein var allt 100% Relativt. Men så fungerar som sagt inte naturen och vår verklighet. Det relativa står ju alltid i förhållande till något, nämligen det absoluta. Inte till det Absoluta med stor bokstav utan till just det absoluta. Och omvänt står det absoluta i förhållande till det relativa. Man kan inte bortse från sammanhanget.

Principen är alltså denna: det relativa är och kan bli absolut och det absoluta är och kan alltid bli relativt.

*

Appendix C
Hur bildas elektroner och positroner?

Men först: Hur bildas de enligt den gängse partikelteorin? Svaret är att de bildas genom s k parbildning. Nedan[12] ser vi hur en gammastråle som träffar en atomkärna, plötsligt stannar upp varvid ett motsatt par av elektroner bildas, alltså en elektron med negativ laddning och en antielektron, en positron, med postiv laddning.

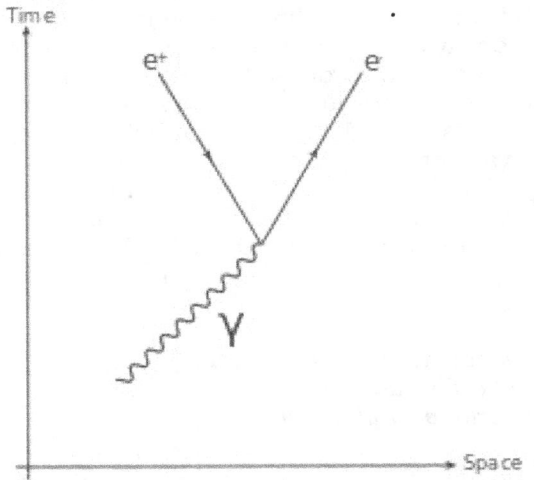

Feynman diagram for **pair production**. A photon decays into an electron-positron pair.

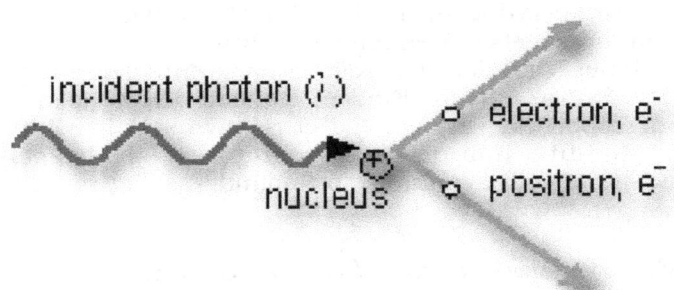

Figure 10.2 - Pair production.

Intill en annan bild av samma sak. Exakt vad som händer får vi inte här heller veta utöver att om en gammastråle som träffar ett hinder kan omvandlas till ett elektron-positronpar. Bara att med ett så kallat Feyman-diagram veta, att de reser fram och tillbaka i tiden och rummet. Eller? Låt se vad Wikipedia skriver om saken:

Exempel på ett Feynmandiagram. Två elektroner växelverkar genom att utbyta en virtuell foton. Ett Feynmandiagram är en beräkningsmetod inom kvantfältteorin, uppfunnen av den amerikanske fysikern Richard Feynman./../. Diagrammen är grafer, där strecken (strålarna) föreställer partiklar som växelverkar. Varje linje och varje nod (mötespunkt mellan linjer)motsvarar en matematisk term. Sannolikheten att en viss växelverkan skall ske kan beräknas genom att rita motsvarande diagram och använda det för att härleda det korrekta matematiska uttrycket. Feynmandiagram är i grunden en bokföringsmetod med en enkel visuell fysikalisk tolkning av en händelse. Storleken hos växelverkan mellan två partiklar är förknippade med träffytan, i princip sannolikheten att växelverkan äger rum. Om växelverkans styrka inte är alltför stor, det vill säga om den kan hanteras med störningsteori, kan denna träffyta uttryckas som en serie termer (dysonserien) som kan beskrivas i form av en liten berättelse som liknar den följande.

---

[12]Grafiken om parbildning – pair produiction – från:
http://www.physics.fsu.edu/users/ng/courses/phy2054c/Labs/Expt10/Expt-10.htm

(Det var en gång) två partiklar som rörde sig fritt med en relativ hastighet (man ritar två linjer riktade uppåt).De mötte varann (linjerna möts i en nod) strosade tillsammans på samma stig ett tag (de två linjerna blir en linje ett tag) och skiljdes sedan åter (en andra nod) men de upptäckte att deras hastighet hade ändrats och de inte var sig själva längre (två linjer dras uppåt från den andra noden, ibland med en annorlunda stil för att symbolisera förändringen som partiklarna genomgått. (Wikipedia),

De finns de som menar att dessa Feynmandiagram saknar mening. Ingen blir särskilt mycket klokare. Vad som händer i det ögonblick gammastrålen omvandlas till ett elektron-positronpar förblir ett mysterium, som vi ser. Och detta är helt i linje med vad kvantmekaniken står för. Man vet ju inte ens vad ett ljuskvantum är, som redan Einstein påpekade. Hur ska man då veta hur de uppkommer!

Nedan ska en helt annan bild och teori ges för den process som skapar ett elektron-positronpar. Först visas en gammastråle som ett tåg av fotoner. Strålen närmar sig ett hinder, exempelvis en atomkärna:

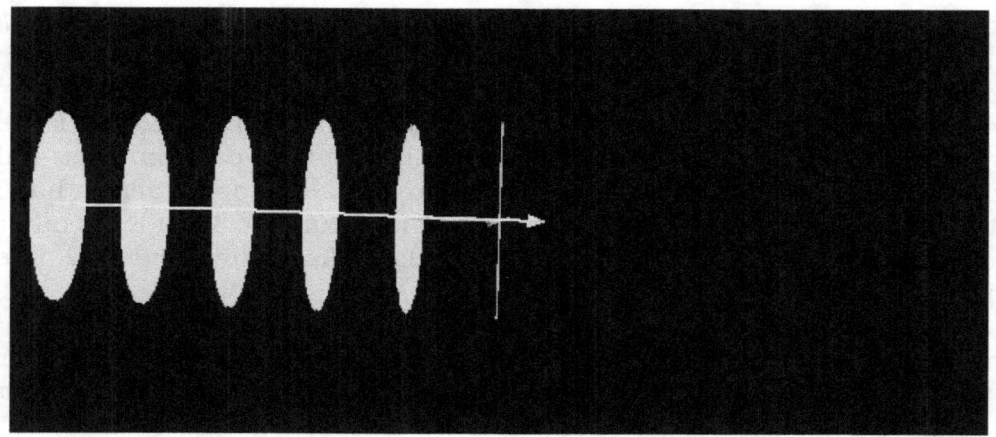

Som vi ser är gammastrålen ingen mystisk våg som fortplantar sig i rymden utan tydligt existerande entiteter. Här är dock endast deras cirkulära rumsliga, spatiala utbredning visad, men det räcker nu för denna framställning. Deras radie är lika med avståndet dem emellan, dvs det som kvantmekanikerna oegentligt kallar för våglängden. Det dessa missar är också att strålen av fotoner befinner sig i ett icke-mekaniskt tillstånd, i ett elektrodynamiskt tillstånd och noga räknat i ett imaginärt tillstånd.

Här ovan har vi nu gjort ett utsnitt på endast tre stycken fotoner, tre fotoner som börjat få kontakt med hindret ifråga och därför *börjat tryckas ihop.*

Avståndet mellan fotonerna har minskat, med andra ord. Och en ny process har påbörjats. I bilden *nedan* har denna process tagit ett steg till; de tre fotonerna har blivit en *enda enhet*! Vad som hänt har ett namn inom gängse fysik

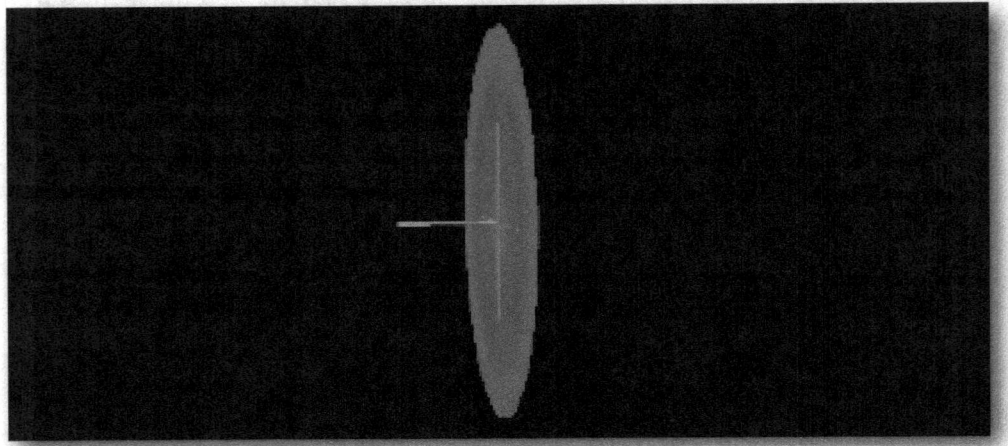

och kallas för *superponering eller överlagring*. De har trängts ihop och *tillfälligt* lagrats ovanpå varandra. De har integrerats. Om en foton har ytan 1 så har den nya ytan 3. Om en foton har energin $f*h = E$, så har den nya enheten energin 3E. Viktigare i detta sammanhang är dock att den har spinnet 3h som fördelat på elektron och positron blir 1,5 h vardera. Eftersom det då saknas ett halvt spinn, så kompletteras detta med att partiklarna hålls ihop av denna halva, vilket får *partiklarna att oscillera*. Den *sammanhållande* kraften F fås alltså från detta halva spinn, medan deras yttre mekaniska spinn blir $\pm h/2$. (Mer detaljer: se fotnot 3).

Ännu en sak kan sägas om den nya enheten som är tämligen självklar: den har så att säga stannat upp. Från sin stilla färd genom rummet med ljushastig-

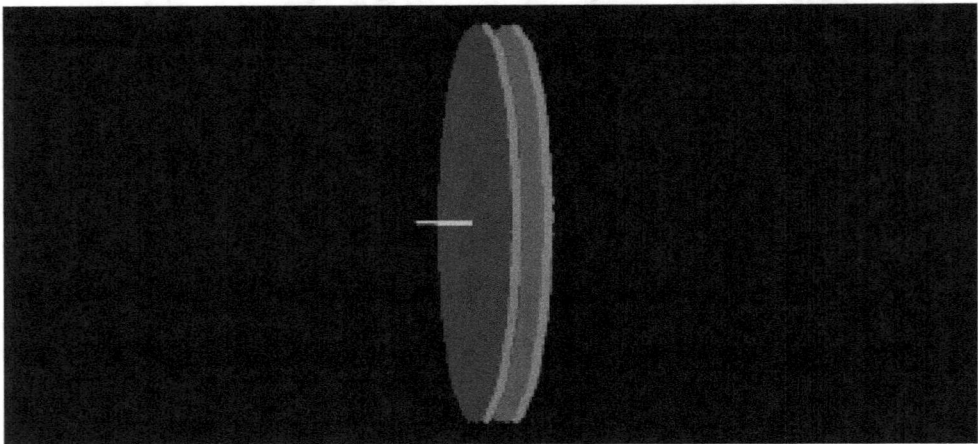

heten *c*, så har den tvärstannat till hastigheten 0. Men växt på höjden så att säga istället. Vad händer sedan? Jo, den börjar sönderdelas, sönderfalla. Eller desintegreras. Det är detta som visas i bilden ovan. Vi ser också att de nu har olika färger. I nästa bild nedan har detta utvecklats ett steg längre: (Se nästa sida!)

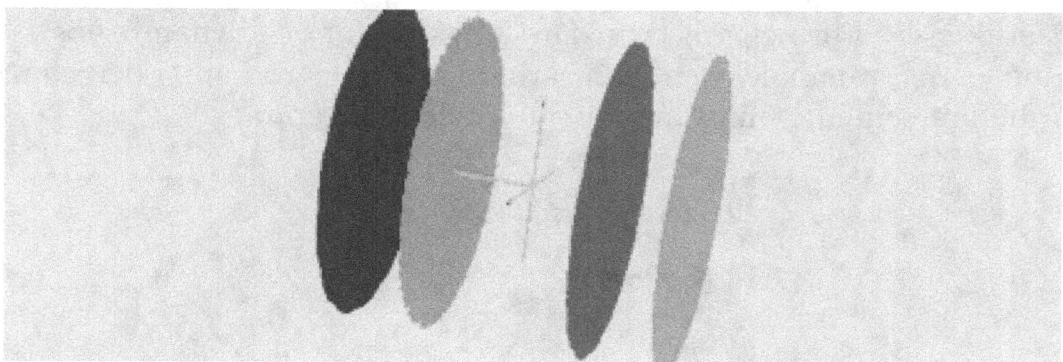

Ovalen längst till höger föreställer en *foton* (gul). Längst till vänster en *antifoton* (blå) med motsatt spinn. Närmast denna ser vi en grön cirkel, den föreställer en *antineutrino*. Den röda ovalen intill fotonen är då en *neutrino*. Partiklarna har motsatt spinn.

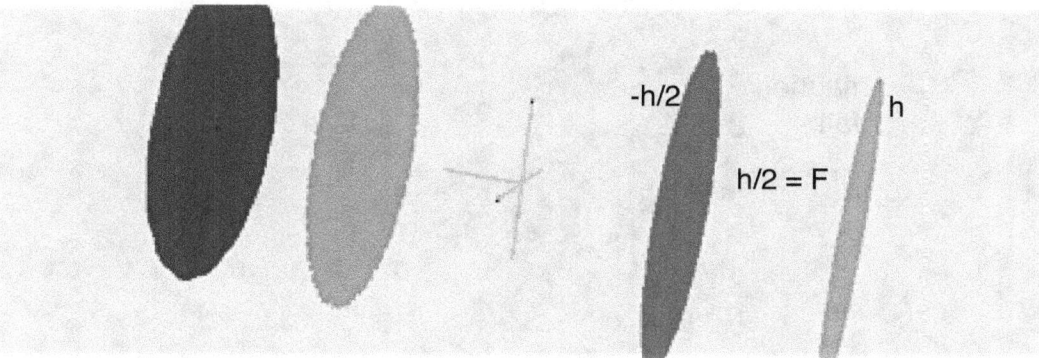

I bilden ovan har de definitivt "flugit" isär och konstituerat sig som två motsatta *självständiga* partiklar.

Partiklarna till vänster – den blå antifotonen och den gröna antineutrinon – är alltså *antielektronen*, de till höger – den röda neutrinon och den gula fotonen – är alltså *elektronen* med spinnet h/2 (=h-h/2). I sin strävan att fullborda spinnet – det halva spinnet – och bli till ett helt (h) och för att komma i jämvikt skapas alltså den kraft F som håller ihop neutrinon och fotonen.

Först nu gäller i stort sett diagrammet i början av detta Appendix C, där två små kulor flyger isär, liksom Feynmans diagram. Men dessa diagram har *inget* att säga om hur den skapande processen innan har sett ut. *Men nu vet vi hur det fungerar.*

Av tre fotoner har de först överlagrats och tillfälligt bildat en enda enhet, sedan sönderfallit, delat på sig och bildat två motsatta former av neutriner; de två övriga fotonerna har fått motsatt spinn och bildat antiformer av varandra.

Det som återstår av detta är att de två nya partiklarna – elektronen och positronen – stannar kvar i det mekaniska tillståndet. Bildandet av protoner går i princip till på samma sätt. Då bildas i stället för två fotoner och två neutriner plus deras antiformer – inalles fyra partiklar – *sex partiklar*, nämligen tre neutriner och tre antineutriner. Dessa fogas sedan ihop i en triangel så att två neutriner plus en antineutrino och bildar en proton och s a s tvärtom två antineutriner och en neutrino bildar antiprotonen. Neutronen bildas av 5 överlagrade fotoner som sedan kort sagt bildar en proton plus två fotoner varav en är en antifoton. Antineutrtinon tvärtom. Med detta synsätt får vi alltså *tillgång till hela processen, hela mekanismen i detalj*, från *dess början till dess slut*. Vilket är principiellt omöjligt i gängse fysik.

Avslutningsvis: I principskisser nedan visas struktur och dynamik hos väteatomen och vätemolekylen. Här skruvas svårigheterna upp i den gängse teoribildningen, inte minst hur vätemolekylen fungerar.

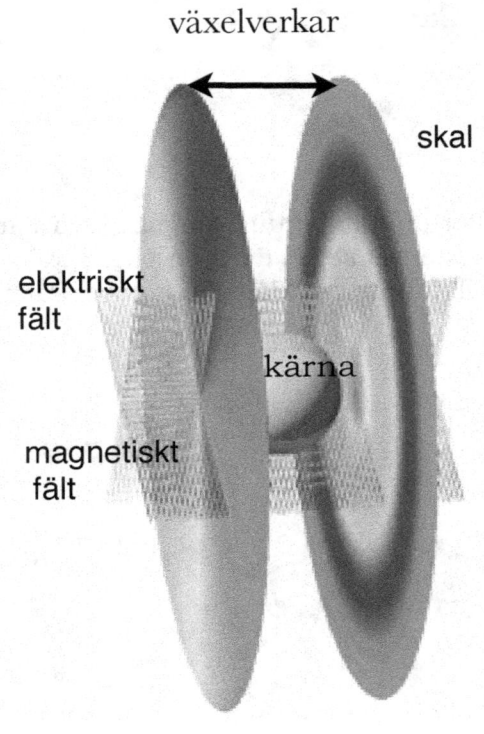

Principskiss av en väteatom. Det turkosa "ägget"i centrum är förstås atomens kärna. De båda olikfärgade cirklarna (här ovaler) är dess skal som mycket snabbt växelverkar (byter plats) med varandra. Dessa cirklar är alltså fotonens och neutrinons rumsliga, *spatiala* komponent. Deras, tidsliga *temporala* är s a s gömd men bunden i kärnan. De röda och blå elektriska och magnetiska fälten syns också här. För en heliumatom gäller att det finns fyra växelverkande "cirklar" som bildar två skal, för litium 6 cirklar, kol 12 etc.

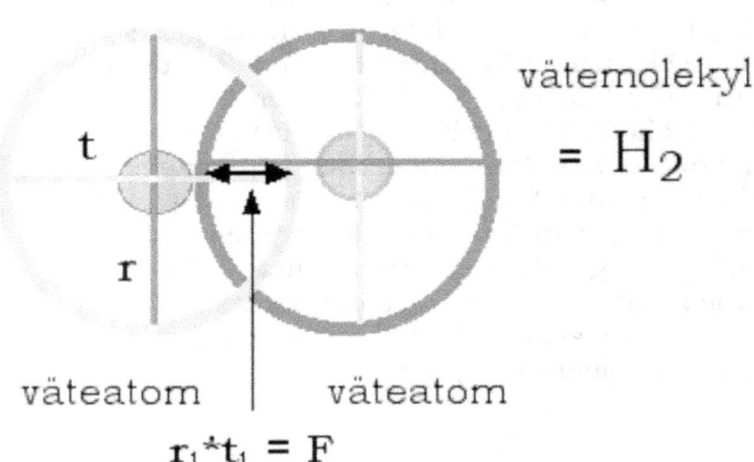

Vätemolekyl.
Vi ser på skissen intill att de rumsliga komponenterna – de gula och röda skalen – lånar varandra utrymme. Därmed uppstår en kraft $r_1 * t_1 = F$ som håller ihop atomerna och bildar molekyler. Ju närmare de är, desto större blir F.

(Källa för grafiken nedan: http://www.pluggano.se/sida32.html)

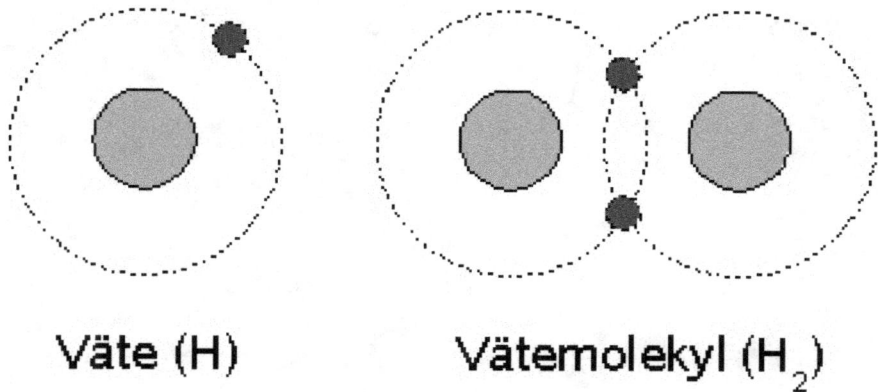

Väte (H)   Vätemolekyl (H$_2$)

En motsvarande principskiss enligt gängse teoribildning.
Här ovan ser vi hur en vätemolekyl antas strukturerad enligt den gängse teoribildningen. De negativt laddade – och därför vanligen *repellerande* – elektronerna i skalet antas nu åstadkomma en slags *attraktiv* kraft som håller ihop kärnorna. Helt ologiskt, något som jag tror alla studenter någon gång har funderat över. Ju mer komplicerade molekyler desto mer ökar det teoretiska virrvarret, som vi ser nedan.

(Källa för grafiken nedan: http://www.pluggano.se/sida32.html)

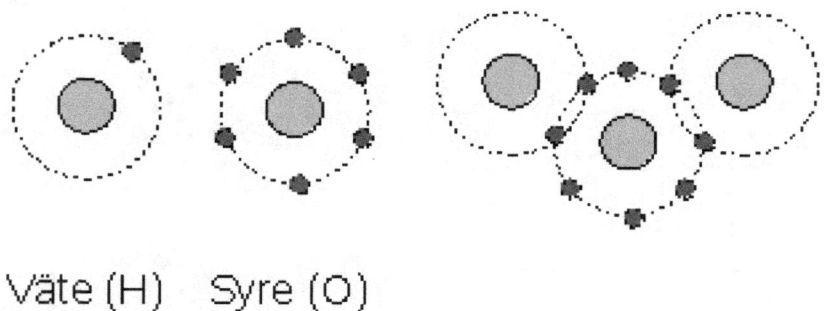

Väte (H)   Syre (O)

Tar man dock bort de här "gröna" elektronerna och antar att deras streckade banor är *verkliga, rumsliga komponenter*, stämmer det hela mycket bättre. Inte minst logiken och därmed fysiken.

Egentligen är det en stor skandal att atomen, som är så grundläggande för all fysik, kemi och biologi bygger på en så gammal och primitiv föreställning om hur vår värld antas fungera. Och att detta än idag lärs ut på skolor och universitet.

******

Det finns många olösta problem i fundamental fysik. Försök till lösningar har mest blivit metafysik och ytterst tillkrånglad matematik. "Håll käften och fortsätt räkna!" är tyvärr ett vanligt sätt att förhålla sig till dessa grundläggande frågor.

Införandet av den *kvasifilosofiska* teorin om *kvarkar* exempelvis, som en gång syftade till att förenkla och klargöra, har inte lett till något. Vi får *ingen klar bild* av hur partiklar bildas och sönderfaller. Inte heller av de abstrakta elektromagnetiska fälten skapade av laddningar och strömmar. Den verkliga förståelsen av mekanismerna går förlorade. Tvärtom har mystiken tätnat och antalet mer eller mindre mystiska partiklar växer.

Behovet av att uppfinna kvarkar är i sin tur fött ur kvantmekaniken med dess metafysik och ofullständighet vilket många fysiker och filosofer motsatt sig. Einsteins motstånd mot kvantmekaniken, exempelvis, är känt genom citat som "Gud kastar inte tärning" och att den inte är "the real thing". Andra som också på olika sätt framhållit kvantmekanikens ofullständighet är fysikern Erwin Schrödinger och vetenskapsfilosofen Karl Popper.

I denna essäbok introduceras en helt ny syn på fysiken och naturvetenskapen överhuvudtaget. Konkreta lösningar utlovas på många av grundproblemen. Också varför kvarkar inte behövs exempelvis.

Istället presenterar författaren nya lösningar liksom en ny modell av atomen utan *fantasiprodukten* kvarkar. En mer logiskt strukturerad modell och teori baserad på sedan länge väl kända partiklar med en mindre tillkrånglad matematik, kan utlovas.
Vilket breddar och fördjupar fysiken.

*

E-mail: akehedberg@kiruna.nu

Homesite: http://www.linnea.com/~akejean/